海洋探秘之旅

那是……

海洋活化石

HAIYANG HUOHUASHI

凌晨漫游工作室 编著

大连出版社
DALIAN PUBLISHING HOUSE

藏在它们身上的记忆

大熊猫是大家都很熟悉的动物，它的老祖宗可是 800 多万年前就在地球上生活了。直到现在，熊猫仍顽强地生存着，而且外形基本和祖先没什么两样，可是和它祖先同时期生存的许多动物都已经灭绝了。

银杏树是一种姿态优雅的树木，尤其是秋天，树叶都变了颜色，仿佛一把把金色的小扇子，非常美丽。银杏树结的果子叫银杏，又叫白果，在超市里就能买到。可是，你知道吗？2.7 亿多年前银杏树的祖先就出现了，到 1.7 亿多年前，银杏树已和当时称霸世界的恐龙一样遍布世界各地。后来，恐龙灭绝了，可银杏树却在我国部分地区保存了下来，一直顽强地生活到现在。

地球上像大熊猫和银杏树这样的生物，还有不少。这些生物在漫长的岁月里几乎没有任何进化，仍然和它们变成了化石的老祖宗模样相似。任周边环境怎样天翻地覆、沧海桑田，它们都能顽强地适应。尽管生活范围越来越狭小，但它们就是不肯进化。与它们同时代诞生的生物物种，不是灭绝就是进化变异，早就面目全非了，而这些进化停滞的生物却仍然坚强存活，我们称之为"活化石"。

"活化石"为科学家们提供了绝好的研究古代甚至远古时期地球的第一手资料，也一次又一次颠覆了科学家对生物史的认知。"活化石"就好像远古留给现在的一本书，我们要细细品读藏在它们身上的时间记忆，借它们去窥视那些早已消逝的时代。

随着科学技术的发展，人类对地球的各个角落搜寻得越来越彻底，"活化石"也一个又一个走进了我们的视野。对它们了解得越多，就越发现还有更多的谜团需要我们去解开。

我们不禁要问，应该如何给这些生物取名字？我们要怎么确定它们的种类？它们生活在哪里？它们吃什么？在这数亿年的时间里它们是怎样度过的？它们用什么办法躲过可怕的生物大灭绝事件？那么庞大和种类繁多的恐龙都灭绝了，它们却为何还能活下来呢？……太多太多的奥秘等着我们去探索，很多问题直到现在都还未得其解，有的恐怕要等小朋友们将来长大了去帮忙寻找答案了。

地球上的"活化石"种类繁多，若都介绍的话需要很长时间，这里我们仅为大家介绍几种有代表性的海洋"活化石"。小朋友们，那就跟我一起走进海洋馆、博物馆，去认识一下这些稀有的"活化石"吧，它们可是名不虚传的哟。

编著者

目 录
MuLu

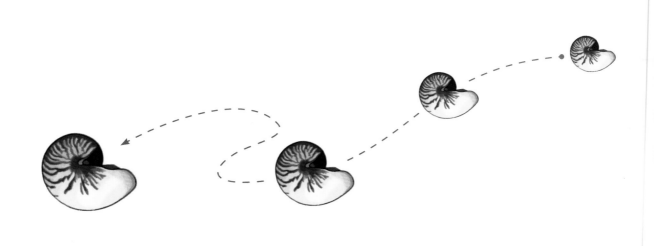

浮沉行者
鹦鹉螺

鹦鹉螺的故事

神秘的鹦鹉螺

孙峰今年上四年级了，他从小就喜欢大自然，上学以后就加入了学校的自然小组。下周的自然小组活动轮到他给大家介绍海洋生物，想来想去，他决定讲讲鹦鹉螺。

可是，孙峰只在博物馆里见过鹦鹉螺的螺壳，而市面上介绍鹦鹉螺的书又非常少。孙峰想：要是能见到活的鹦鹉螺该多好，那样我就能近距离观察它们啦。想着想着，孙峰就有点儿困了，迷迷糊糊地不知怎么就来到了海边。

"孙峰，孙峰。"

谁在喊我，孙峰左看看右瞧瞧，没有发现任何人。

"是我，孙峰。我是大海蜇。"

孙峰这才发现面前的海里漂着一只很大的海蜇，由于海蜇身体是透明的，所以刚才他并没有看见。

"你好，你怎么认识我？"孙峰很惊奇地问。

"我当然认识你，你是学校自然

小组的组长，你来找鹦鹉螺，对不对？"

"是啊，我特别想了解鹦鹉螺。不过，我也想了解海蜇，你的个头可比别的海蜇大多了！"孙峰顺便夸赞道。

"呵呵，傻孩子，是你变小了。来，爬到我身上吧，我带你去找鹦鹉螺。"海蜇说。

"我就这样直接下海吗？没有潜水服和氧气瓶能行吗？"孙峰疑惑地问。

"你身后有一套你们人类潜水用的东西，不知你会不会用。"海蜇用他的触手指了指孙峰的身后。

孙峰回头一看，果然有一套潜水服和一个氧气瓶，而且还是小号的。他非常高兴，边穿边说："我会用，学校组织过学习潜水的活动。"

孙峰穿好潜水服，趴在大海蜇身上就下了水。海蜇不会游泳，是靠洋流的带动来运动的。这只大海蜇的身体里住着一只透明的小虾，这让孙峰觉得挺新鲜。以前孙峰曾在书上看到过，说是海蜇会和一种小虾一起生活，小虾就是他们的"眼睛"，而他们则能给小虾提供保护，防止别的动物来吃小虾。大自然真是有趣，孙峰想，我长大了一定要当一名自然科学家。

趴在大海蜇身上的孙峰漂了很长一段时间，但始终没能看到鹦鹉螺。

海洋活化石

海蜇究竟能不能带我找到鹦鹉螺呢？鹦鹉螺可是我此行的关键啊。孙峰觉得还是问一问大海蜇保险些。

"你好，请问，那个……你见过鹦鹉螺吗？"孙峰问。

"我很少能见到他们，只有到了晚上他们才会浮到浅海来。"

"那么我们到哪里能找到他们呢？"

"顺着洋流漂就可以啦，过一会儿洋流就会送我们到另一片浅水区，那里离鹦鹉螺的家很近。"海蜇回答。

天色渐渐暗了下来，孙峰和大海蜇在海面上又漂了一段时间。孙峰有些不耐烦了，但为了能见到活的鹦鹉螺只能继续等待。天黑了，海面在月光的照射下泛起了一层层银色的光。孙峰从来没有见过这样的景象，

不禁看呆了。

"看，鹦鹉螺们来了。"大海蜇说道，"你去找他们吧，洋流来了我该走了。"

孙峰向大海蜇道过谢就向水下潜了过去，游过一片珊瑚礁，果然发现了几只鹦鹉螺。他们可漂亮了，螺壳的曲线有种说不出来的神秘美感，银色的月光洒在上面更是美不胜收。鹦鹉螺时而前进，时而后退，孙峰仔细观察，发现他们是靠喷水来推进身体前进的，所以看上去他们总是一跳一跳的，非常有趣。这些鹦鹉螺有的在游泳，有的则藏起来准备捕捉小虾蟹来当晚餐。孙峰犹豫着要不要上前去打招呼，想了一会儿，还是鼓起勇气迎上前去。

"鹦鹉螺，你们好！"孙峰很有礼貌地主动和鹦鹉螺们打招呼。

"唰，唰"，鹦鹉螺们显然是被吓了一跳，纷纷喷着水倒退着逃跑，刹那间都藏到了礁石的缝隙和洞里。

"你把他们都吓跑啦。"一只寄居蟹背着他的螺壳、晃着钳子说道。螺壳上还有一只绿海葵顺着水流舞动着触手。

"啊，对不起啊。我太激动了，我真的很想认识他们。"孙峰抱歉地说，转而又很好奇地问，"咦，你不怕我吗？"

"没事，我有守卫。"寄居蟹指了指自己背后的海葵，"你是谁啊？来这儿干什么？"

"我是来找鹦鹉螺的，我想向他们请教一些知识。"

小寄居蟹围着孙峰转了转，又用钳子故意敲打他的潜水服，看孙峰

海洋活化石

似乎并没有什么危险，小寄居蟹就拖着自己的"房子"去喊鹦鹉螺了。过了一会儿，一只稍微大点儿的鹦鹉螺慢慢游出了岩石的缝隙。

"你是谁？刚才吓了我们一跳，把我们的猎物都吓跑了。"鹦鹉螺说。

"真对不起，我叫孙峰。我到这里就是想了解一下你们的生活。"孙峰谨慎地说。

"嗯，我们在这里生活了几亿年啦，还不就是抓一些小虾小螃蟹吃，然后回到深海里休息。我们一代一代都是这样过来的，也不知道这里到底发生过什么天翻地覆的变化。不过我们的邻居可是换了一批又一批。"鹦鹉螺看上去像是在自言自语。

"我知道，你们是活化石，是经历过好多次生物大灭绝才活下来的。"孙峰说。

"嘿嘿，我也不知道什么大灭绝……不过孩子，你想问什么？"

"我想知道，鱼是用他们的鳔来控制上升和下沉的，那你们是靠什么控制的呢？是怎么浮出水面的？又是怎么回到深海的？"孙峰问。

"很简单，你们人类的潜水艇还是参照我们的身体结构制造的呢。我们和寄居蟹不一样，他们的螺壳是别人的，我们的螺壳是自己的。我

们的螺壳里面有一层一层的隔断，把螺壳分成了很多小气室。说得简单点儿，壳里的气多了我们就升上去了，如果要下沉我们就把气体排出去。明白了吗？"鹦鹉螺说得很详细。

"啪"，还没等孙峰反应过来，鹦鹉螺就用触手抓住了一只路过的小虾。

鹦鹉螺边吃边说："运气真好，没想到这虾傻头傻脑地送上门来了。"

鹦鹉螺不慌不忙地吃完了小虾，正想用他的大眼睛四处察看还有没有其他猎物时，孙峰又问道："那你们是怎么睡觉的呢？"

鹦鹉螺回答道："我们用触手抓住岩石就行了，深海里没有太急的洋流，所以我们不怕被带到陌生的地方。"

"看来你们没有什么天敌，不然怎么能活到现在呢？"孙峰把刚才鹦鹉螺的话都记在了心里。

"以前也有啊。最早呢我记得有一种动物叫奇虾，他们可厉害了，几乎什么都吃。再后来听说海洋里有很多龙，像鱼龙啊，苍龙啊，都吃我们，不过我们还是活下来了。到现在那些东西都没了，不过现在的日子更不好过，因为你们人类成了我们最大的敌人。"

"为什么？人也吃鹦鹉螺？"孙峰很惊讶。

"吃不吃我不太清楚，不过人们倒经常把我们的族人抓走当收藏品或者艺术品摆在家里。唉，就因为我们的壳漂亮……"鹦鹉螺忧心忡忡

地说。

　　"是啊，你们的螺壳真的是非常美丽。"孙峰夸奖道，"不过你的那些近亲可就没有这么漂亮的外壳了。"

　　"哦？你还了解我的近亲？"鹦鹉螺好奇地问。

　　"是啊，书上说乌贼和章鱼是你们的近亲，你们都是头足类的。"孙峰说。

　　"没错，没错，"鹦鹉螺开心地说，"你知道的还真不少。以前吧，他们也都有壳，后来渐渐地随着进化壳就没了，可他们的身体呢，却慢慢地能变换颜色了。你知道的，这是一种伪装。可光伪装也不管用啊，于是他们渐渐地就掌握了一个新的技能——喷墨汁。"

　　孙峰点头："是啊，我妈妈买的鱿鱼身体里就有黑色的墨呢。"

　　鹦鹉螺得意地说："在很深的深海里还有一种章鱼保留了非常原始的壳，不过也没有我们的漂亮。"

　　"是啊，可也正是这些漂亮的壳才给你们带来了麻烦。"孙峰带着歉意说道。

　　"嗯，还好吧。我们也不是那么容易就会被捕捉到的，白天我们都到深海里去，你们人类一般到不了那里。不过，除了我们，你们人类还捕捉其他海洋生物，我的很多邻居们现在都见不到了！"

　　孙峰有些难过，继续问："鹦鹉螺，你说我们应该怎样保护海洋生物呢？我还在上小学，我们小学生能做些什么呢？"

"告诉你们的爸爸、妈妈别吃鱼翅了……"鹦鹉螺若有所思地说。

孙峰和鹦鹉螺愉快地交谈着，鹦鹉螺告诉他很多关于海洋的秘密。鹦鹉螺知道的真多，不过也难怪，他都活了几亿年了，亲眼目睹了海洋的变迁。鹦鹉螺还邀请孙峰参观珊瑚礁和他们在深海的家，孙峰都愉快地接受了。不过现在的珊瑚礁可没有以前热闹了，鹦鹉螺说，是人类的活动才导致珊瑚礁的面积越来越小，很多海洋动物都绝迹了。

孙峰还想说些什么来安慰一下鹦鹉螺，可一时又找不到合适的话来表达。突然，一个影子从天而降。只听鹦鹉螺喊了一声"是渔网，快跑"，孙峰还没反应过来就被网缠住了。他害怕极了，拼命挣扎着，可渔网却越收越紧，直缠得他快喘不过气了。

孙峰想喊"救命"却喊不出口……猛地，孙峰睁开了双眼，阳光、电脑、

书桌，一切都是那样的平静。鹦鹉螺在哪里？海蜇在哪里？难道这一切都是在做梦？

"儿子，你做噩梦了吧？"孙峰的爸爸问。

"嗯，做了一个和鹦鹉螺有关的梦。"孙峰说。

"想不想去博物馆看看？爸爸有朋友在那里工作，可以让他给你讲讲关于鹦鹉螺的故事。"

"好啊。我们现在就出发吧。"

"好，那你去跟妈妈说，咱们晚饭不回家吃了，爸爸带你去外面吃好吃的。"

"嗯，爸爸，我们不吃鱼翅！"

"为什么？"

"因为……因为，我梦到了鹦鹉螺，他拜托我要保护海洋生物。"

"好啊，我们一起保护海洋生物。"爸爸笑了，拍拍孙峰的头，"儿子，你长大了！"

鹦鹉螺与人类

　　第一个发现鹦鹉螺化石的古生物学家绝对不会想到，这种约5亿年前就埋藏在地层中的古生物，居然能够历经沧桑存活到现在。虽然与鼎盛时期多达2,500个品种的庞大家族相比，现在的鹦鹉螺仅剩下为数不多的几个品种，生活区域也变得非常狭窄，但它们的存在仍然给人们带来了极大的惊喜。

　　就因为鹦鹉螺家族存活了这么久，约5亿年的地质变化它们一个也没落下，所以成为重要的地层指标。地质学家利用不同地质年代地层中的鹦鹉螺化石，可以研究与之相关的动物演化、能源矿产和环境变化规律，从而为我们合理利用自然、改造自然提供科学的依据。

天文学家鹦鹉螺

　　鹦鹉螺的构造很有意思，它的贝壳里面有许多小房间，却只留最末尾的一个房间供自己居住，其他的小房间都用来储存空气，叫作"气室"。气室上有许多环纹，被称为生长线。同一个时代的鹦鹉螺化石生长线的数量是一样的，但是，这些生长线数量随年代的不同而发生着变化，从远古到现在，鹦鹉螺的生长线数量越来越多。这是为什么呢？

科学家们认为，鹦鹉螺的生长线记录了天文情况。它的波状生长线每天长一条，每月长一隔，正好对应了月球绕地球一周的天数。研究显示，在新生代渐新世的螺壳上，生长线是 26 条；再远一些的年代，中生代白垩纪是 22 条；更远一点儿的年代，中生代侏罗纪是 18 条，古生代石炭纪是 15 条……我们现在可以找到的最古老的鹦鹉螺——4.5 亿年前的古生代奥陶纪时鹦鹉螺的螺壳上的生长线只有 9 条。这就意味着，在 4.5 亿年前，月球绕地球一周只需 9 天！科学家们又根据万有引力定律等物理原理，计算了当时月亮和地球之间的距离，得到的结果是：4.5 亿年前，月球和地球之间的距离还不到现在的一半。也就是说，月球正在渐渐远离地球。鹦鹉螺就这样巧妙地记录了月亮与地球之间的关系，真是个不折不扣的"海底天文学家"。

鹦鹉螺杯

鹦鹉螺的外形非常美丽。古人虽然不知道它是罕见的史前动物，但却知道它是海中稀有的贝类，当时的人们甚至已经把鹦鹉螺的螺壳当作艺术品。在南京东晋王兴之夫妇墓中，考古学家就发现了一只鹦鹉螺做的酒杯，杯身是鹦鹉螺的螺壳，壳外用铜边镶扣，两侧装有铜质双耳，螺壳中间自然形成的水车轮片状气室可以储存酒。这只酒杯构思精巧，造型独特，而且独此一件，非常珍贵。不过，鹦鹉螺杯在出土文物中虽然罕见，但在古代诗文中却并不少见。李白的《襄阳歌》中就有"鸬鹚杓，鹦鹉杯。百年三万六千日，一日须倾三百杯"的诗句。

"鹦鹉螺号"潜水艇

鹦鹉螺在人们心目中似乎有着不同寻常的地位，仅美国就有六艘以上的军舰用"鹦鹉螺号"命名，其中最有名的就是美国第一艘编号为SSN-571的核子动力潜艇。这艘潜水艇由于采用核动力，可以在水下航行更长的时间。我们都知道潜水艇作为攻击性武器，在水下航行的时间越长就越能保证潜水艇攻击目标的突然性，同时也能保证自身的安全。那么，美国人为什么喜欢用"鹦鹉螺号"来命名军舰，尤其是潜水艇呢？这还要从一本书说起。

这本书就是著名的科幻小说作家凡尔纳的《海底两万里》。凡尔纳

海洋活化石

具有丰富的学识和大胆的想象力，他在科幻小说中所描述的很多事物后来都成为了现实，其中就有那艘著名的"鹦鹉螺号"潜水艇。其实，在很久以前人们就渴望有一种能在水下航行的船，能像鱼一样自由游动。从 18 世纪开始，科学家们便执着于潜水艇的研究。1801 年 5 月，美国人富尔顿就研制出一艘名为"鹦鹉螺号"的潜艇。但当时由于各种技术不过关，一直到 1939 年第二次世界大战开始后，潜水艇才在战争中真正发挥作用。但这些现实中的潜水艇，都不如凡尔纳脑子里想象的潜水艇那么出色。

《海底两万里》中的"鹦鹉螺号"是艘神秘的船，更是艘充满着科幻力量的船。这艘船可以不在任何港口补充能源，永远航行在海洋之中。船用海水提取的元素作为电池原料，取之不尽、用之不竭；船的甲板可以通电来抵御外来的侵略者；船头非常坚固，既可以作为武器，也可以破冰；船员的衣服是用海獭和海豹的皮毛制成的；船员的食物就是海洋中的各种鱼类和海藻。在凡尔纳眼里，大海就是一座巨大的宝库，只要进行合理的开发与利用，人就能依存它生活。

这本书里还介绍了很多海洋生物，为了能让读者更加贴近这些海洋生物，凡尔纳还特意设计了一个人物——海洋生物学家阿龙纳斯教授。书中阿龙纳斯教授为读者讲解了一个又一个关于海洋生物的知识，让其了解了各种鱼类、底栖生物、海洋哺乳动物等，而让读者能看到这一切的工具就是那艘名叫"鹦鹉螺"号的潜水艇。当时，鹦鹉螺之所以能够从众多的海洋生物中脱颖而出，成为这艘充满神奇科学力量的潜水艇的名字，可见是有前瞻性的，后来科学研究发现鹦鹉螺就是"天然的潜水艇"。

鹦鹉螺和大熊猫一样稀有，但许多人对此却并不了解。我国一些沿海城市甚至还出现过贩卖鹦鹉螺工艺品的现象。根据有关水生野生动物资源保护法的规定，鹦鹉螺属于国家一级保护动物，如果出售，每只需要向国家缴纳3万元资源保护费，同时需经农业部批准才行。可即便是这样，非法经营鹦鹉螺的行为依然屡禁不止，一方面是因为店主非法贩卖的方式非常隐秘，货不上架，有的店主甚至把鹦鹉螺壳藏在离商店有一定距离的家里或者其他难以查到的地方；另一方面，也是人们海洋保护意识薄弱，商家一味追求经济利益，并不了解鹦鹉螺的珍贵价值。

神奇的鹦鹉螺能否继续美丽5亿年呢？

谁是鹦鹉螺

鹦鹉螺和鹦鹉是亲戚吗？不是，它们之间没有任何血缘关系。鹦鹉螺是海生无脊椎动物，因为它的表面有赤橙色火焰状斑纹，整个螺旋形外壳光滑如圆盘状，形似鹦鹉嘴，所以得名"鹦鹉螺"。活的鹦鹉螺全身闪耀着白色、灰色、橘红色的光泽，在海洋中行进时，它们的头和腕完全伸出壳外，壳口向下，就像翩翩飞舞的鹦鹉，动人而又美丽。

作为活化石，鹦鹉螺这个物种在地球上究竟存活了多少年？古生物学家发现，寒武纪晚期就有鹦鹉螺了，那可是在约5亿年前！在接下来的奥陶纪中，鹦鹉螺简直就是"地痞流氓"，在海洋中肆无忌惮，倚仗着11米长的身躯横行霸道。现在，世界上总共只生存着6种鹦鹉螺，所以鹦鹉螺成了活化石，科学家们希望通过研究搞清楚它们祖先的

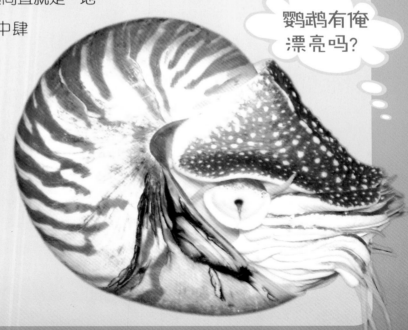

鹦鹉有俺漂亮吗？

生活状态。

　　鹦鹉螺在外观上特别像一只钻进了蜗牛壳里的乌贼，或者像是将乌贼的头安到了海螺的壳上，总之第一眼看见它的人都不会想到这是一种动物，还以为它是两种动物的合体。鹦鹉螺在远古时代有很多近亲，比如弓角石、直角石。这些头足类生物在 4.5 亿年前非常普遍，以至于现在还有很多化石继续讲述着它们曾经的故事。

　　☞鹦鹉螺的现代近亲是乌贼和章鱼，它们都属于头足纲。乌贼和章鱼没有绚丽的外壳，它们更多的是依靠改变身体颜色、喷射墨汁来躲避天敌、迷惑猎物。

　　☞鹦鹉螺是夜猫子，喜欢晚上出来活动，是一种夜行性生物。喜欢群聚的鹦鹉螺比较娇气，只能生活在 19℃ 至 20℃ 的海水中。所以，只有在热带地区的海洋中才会看到鹦鹉螺。鹦鹉螺是好静的动物，平时喜欢趴在 100 多米深的海底，用腕部支撑着身体缓慢地匍匐行进，偶尔也会游动，比如暴风雨过后风平浪静的晚上，它们便会游到海面上，成群结队，浩浩荡荡，但过不了多久，它们就又会回到海底蛰伏下来。

　　☞鹦鹉螺和那些已经变成化石的亲戚们相比，模样基本没怎么改变，有乌贼一样的头，头上长了许多触须和一双大大的眼睛，还背着一个漂亮的大螺壳。这个颜色鲜艳的螺壳是鹦鹉螺自己的壳，而不像寄居蟹那样用的是别人的螺壳。鹦鹉螺的壳花纹独特，外壳的切面呈现出形态优美的等角螺线，也因此成为市场上价格不菲的工艺品。美丽的鹦鹉螺螺壳反倒成为保护鹦鹉螺的障碍了。

☞鹦鹉螺最适合表演"千手观音"这个舞蹈节目，而且就派一只上台就足够了，不需要任何帮手，因为一只鹦鹉螺就有90只"手"！不过这些"手"都是叶状或者丝状的，和我们所说的手压根儿就不是一个概念。别看鹦鹉螺的"手"长得怪怪的，可却不耽误它们捕食和爬行，而且它们还有两只"手"可以当门用！原来当鹦鹉螺的身体缩回壳里去后，这两只"手"一合，就能把鹦鹉螺螺壳的口盖住，方便省事！休息时，鹦鹉螺总会有几条触手负责警戒。

☞除了可以跳民族舞，鹦鹉螺还是个游泳高手，被海洋生物学家称为"汪洋中的喷射推进器"——水流通过它们的外套膜后，经过管状肌肉、膨胀的身体，向后方喷射，产生的反作用力推动鹦鹉螺游动，不过，是推动它们向后方游动的，所以，鹦鹉螺要想前行，就得倒着身子才行。

☞鹦鹉螺依靠螺壳里的空气可随意调节自己在水里游泳的深度，这个本领使它们可以白天藏在深海的洞穴中，晚上浮到水面上寻找食物，就像小小的潜水艇。鹦鹉螺之所以能有这个本领，全是因为它们有造型独特的螺壳。前面提到，鹦鹉螺的螺壳里面并不是光滑的通道，而是有一种壁板将螺壳间隔成了一个又一个小屋子，形成许多气室。这些小屋子的中间由一条小管道连接，管道的末尾是一间最大的屋子，是鹦鹉螺的卧室。鹦鹉螺就是通过这条小管道调节其他屋子里的空气。想浮出海面就增加里面的空气，想潜入海底就减少里面的空气。

鹦鹉螺的这种行为启发了科学家，于是，人们就用增减重量的方式控制潜水艇的上升和下潜，这个方法直到现在还在使用，并且成功地使潜水艇下潜到海底1万多米。人类终于可以进入海洋水体深处，窥探其中的奥秘了。

👉无论是与远古亲戚还是现代近亲相比，鹦鹉螺其实都是弱者，它们没有配备墨囊这样的御敌神器，也就没有了墨汁这种可用来施放的烟幕弹迷惑敌人。虽然鹦鹉螺和乌贼一样靠向反方向喷射水流来行进，但鹦鹉螺可没有乌贼那样灵活的行动力。活到现在的鹦鹉螺基本上都是白天躲在浅海珊瑚礁的岩缝中，晚上才出来觅食，主要的食物也只是些弱小的虾、螃蟹，还有小鱼。

👉在4.5亿年前的古代海洋里，鹦鹉螺能长到11米，是当时海洋中的顶级掠食者，主要捕食三叶虫、巨型羽翅鲎等。在那个海洋无脊椎动物鼎盛的时代里，它们以庞大的体形、灵敏的嗅觉和凶猛的喙称霸海洋。

随着岁月沧桑、时间轮转，鹦鹉螺渐渐失去了海洋霸主的地位，沦落到过着昼伏夜出的隐秘生活的境地。现在的鹦鹉螺体形都不大，最大的整体长度仅有26.8厘米。与曾经拥有的庞大身躯之间的差距，展现出鹦鹉螺种族在漫长岁月中的衰落，未来它们还会越变越小吗？科学家们正在密切关注中……

海洋馆里的鹦鹉螺

鹦鹉螺是国家一级保护动物，想要人工饲养可不容易。要知道活了约5亿年的鹦鹉螺是一种非常娇贵的动物，只有在水质洁净、温度适宜的海域中才能存活，并且因为它们的游泳能力较弱，要求水流还不能太强。如果用闪光灯为鹦鹉螺拍照，它们则会因过度紧张而死亡。鹦鹉螺的生活环境还要有数个大气压的水压，因此很难人工饲养。即便上述条件都具备了，人工饲养的鹦鹉螺也很难活满1年。

2004年，国内的海洋馆从国外引入6只鹦鹉螺，这么做一方面可以让国人近距离观赏这种美丽的动物，另一方面也是为了方便对它们进行深海鱼类养殖和动物进化方面的科学研究。

在大连圣亚（大连圣亚海洋世界的简称）的"海洋世界"里我们可以近距离观赏鹦鹉螺，细数它们身上的生长线，用心聆听藏在它们螺壳中的海涛声。这些鹦鹉螺都是1岁左右，只有成年人拳头大小，喜欢吸附在水下礁石上，非常娇气，每天要吃新鲜的虾肉、鱼肉。别看平时鹦鹉螺们都一动不动地趴在鱼缸里，一旦饲养员放进了食物，它们就会迅速游过来，像潜水艇一样悬浮在水中，将食物一扫而空。

逍遥隐士矛尾鱼

矛尾鱼的故事

矛尾鱼探险记

这是一条叫迪克的矛尾鱼的故事。迪克生活在印度洋的深海里，平常他很少能见到其他鱼类，每天也只是和家人一起寻找食物、玩耍。迪克不喜欢这样的生活，他想到更广阔的世界去看一看，他想游到大海的边缘。他的朋友们都劝他不要随便离开这片生活的海域，他们告诉他：外面有很可怕的怪兽会吃了你，你会因找不到食物而被饿死的，没有我们的陪伴你会很寂寞的……但是迪克还是暗下决心要到更广阔的天地中去看一看。

终于，迪克不顾朋友和家人的劝阻离开了他生活的深水区，向着陌生的水域进发了。谁也不知道等待他的将会是什么！

旅行的开始总是有欢乐和新鲜伴随着。迪克见到了很多以前没有见过的漂亮的海洋生物，甚至有些他还叫不上来名字。迪克不敢随便跟他们打招呼，因为家族里的长辈告诉过他，那些色彩艳丽的小生物多半都有毒。穿过一片太阳能直接照射到的浅水区后，迪克进入到另外一片陌生的深水区，那里水色幽暗、光线无法到达，处处散发着神秘的气息。可是迪克不怕，他的家也是这样的。然而，迪克并没有意识到，当他游进这片深水区之后，奇异的旅程才真正开始。

迪克慢慢游进这片深海，此时，阳光已经完全消失了，突然前面出现了一个黑黝黝的洞穴，他决定游进洞去看个究竟。他朝着目标游了很久，当阳光重新出现在眼前的时候，他被眼前的景象惊呆了。洞口的尽头完全是另一个世界，和暖的阳光照在海底，像花朵一样的生物随着海流翩翩起舞，各种他叫不上名字的小生物在匆匆忙忙地游来游去，但他们发现迪克之后都纷纷逃走了，只留下迪克在那儿茫然不知所措。

"你看，你把大家都吓跑了。"一个弱弱的声音传来。

"谁在说话？"迪克看了看四周，没有发现别的鱼。

"是我，我在你下面。"又是那个声音。

迪克低头向下游去。原来这里有一簇一簇的百合花一样的东西，她们的一端插在海底的泥土里或者吸附在岩石上，有花朵的另一端则随着水流摇摆着。

"你好，刚才是你们中的哪位在说话？"

"啊，是我。"其中一簇百合花一样的东西回答道。

"是我吓跑了他们？他们都是谁？这是哪里？"迪克一连串问了几个问题。

"他们有三叶虫威威、微网虫小东、海口鱼鲁邦……还有我是海百合丽丽。"

这么多名字迪克一时有些记不过来，于是有礼貌地打断了对方："对不起，我不是有意的！不过他们见到我为什么跑啊？"

"我们从没见过你这种鱼……"

"我是矛尾鱼。"迪克插嘴道。

"我们还以为是凶恶的奇虾来了呢。"

"奇虾会吃你的这些朋友吗？"迪克好奇地问。

"会的。大家都回来吧，他不是奇虾，看上去是个老实的家伙。"话音刚落，无数奇形怪状、五颜六色的小动物们便纷纷出现了。他们有的从沙子里钻出来，有的从远方游回来，还有的不知道怎么一眨眼的工夫就出现在了迪克面前。

"你从哪里来啊？"

"你是什么动物啊？"

"你的样子怎么这么奇怪？"

"你会吃了我们吗？"

这些小动物七嘴八舌的问话让迪克有些不知所措。看到迪克没有恶意，有些小动物甚至爬上了他的身体。迪克不太喜欢有东西爬上自己的身体，于是使劲抖了抖身子，说："大家……大家好，我是矛尾鱼迪克。"

正当迪克忙着和大家打招呼，大家也都兴致勃勃地围着他绕来绕去的时候，谁都没有注意到，此时一个阴影正掠过海底。

三叶虫威威最先发现了危险的到来，他大喊一声："奇虾来啦！"就迅速钻进了海底的沙中。

小动物们立刻四处逃散，但是他们中的大多数都是游泳速度很慢的家伙，有的只能无奈地躲在迪克身后瑟瑟发抖。迪克这才发现，一个个头和他差不多大的黑影正迅速靠近自己，等他看清楚那家伙的模样后也不禁有些害怕。

迪克问躲在自己鱼鳍下的一条海口鱼："他就是奇虾？"

那条海口鱼此时已经颤抖得说不出话来了。

　　"喂，让开，别挡着我吃饭！"奇虾说话了。

　　迪克没有回答，只是仔细打量着眼前这个奇形怪状的东西。这家伙有一对长在头上面的大眼睛，身体的两边有很多排列整齐的羽毛状鳍，最可怕的是，他有一双大颚，像钳子一样插在身体上，让人望而生畏。

　　"喂！你再妨碍我吃饭，我可就不客气了！"奇虾看上去很生气。

　　"我不许你伤害他们。"迪克不知道哪里来的勇气，硬硬地回绝了奇虾。

　　奇虾呆住了，在这里还从未有什么动物敢和他对抗，他也从没见过这种长着牙的蓝色的鱼。

　　他们就这样对峙着。奇虾开始犹豫了，他没有把握自己的大颚能刺穿这条鱼的鳞甲，而且这条鱼的个头也确实不小，于是他选择了退让。

"我还会回来的，你们给我记住！"奇虾不肯善罢甘休地嚷道。

"胜利啦！"海底一片欢腾，大家围着迪克兴高采烈地游着、嬉闹着。

"我要走了，朋友们，我还要继续我的旅行。"迪克有点儿不舍地说道。

"请别走，我们需要你。"小动物们请求道。

"对不起，这里不是我的终点，我还要继续探险……"迪克婉言拒绝了大家的请求，重新踏上了旅程。

迪克想回去找那个洞穴，他还能记得一点儿来时候的路。可是等他到了洞口却遇到了麻烦，原来这里不只有一个洞口，他不知该进哪一个了。

随便进一个好了，反正是要去探险的，迪克思索着。

他选择了一个宽敞一些的洞口游了进去。很快光亮就消失了，洞穴越来越深，迪克平常就生活在这种环境里，所以很适应。也不知游了多长时间，迪克感觉有点儿累了，好在矛尾鱼是可以用鱼鳍在海底爬行的，于是，他就趴在海底睡了一会儿。

不知道什么时候迪克睡醒了，精神饱满的他决定继续他的探险旅途。只是他的肚子有点儿饿。要不还是先找点儿吃的吧，他想。在家里他一般都吃一些小的乌贼或者一些不知名的小鱼，也不知道在这洞里能有什么吃的。迪克在洞里四处寻觅着，突然眼前有光出现，他又发现了一个洞口。

太好了，外面肯定会有吃的东西，迪克心想。

忽然他看见了一个熟悉的身影掠过洞口，是一只乌贼！迪克想都没想就冲了出去。"吃掉它！"迪克只有这一个想法。就在他快要咬到猎物的时候，乌贼突然消失了，取而代之的是一条和他一模一样的鱼，只是身上的幽蓝色变成了棕褐色。

迪克呆住了，要知道在矛尾鱼的种群里只有雌性才是棕褐色的，也就是说他无意间碰到了一个同族的女孩子……这大大出乎了他的意料。

"你，你凭什么抢我的食物？"迪克说。

"我，我没有。"

迪克心想，这个女孩真讨厌，不仅不承认抢了自己的食物，还学自己说话结巴。

"喂，你！"那个女孩子没礼貌地冲迪克喊道。

"干什么？"迪克没好气地回应道。

"跟我来，我知道哪里食物多，再捉一只还给你，小气鬼！"她倒显得很大度。

"我才不是小气鬼，那乌贼明明就是我先看到的。"迪克虽然嘴上依旧不认输，但还是摇着尾巴跟了上去。

"你叫什么名字？"

"迪克。"

"你从哪儿来？"

"深蓝海湾。"

"没听说过。我叫唐娜。"

迪克的肚子虽然很饿，可对唐娜也没有那么多恶意了，他只是觉得如果探险的旅途上有个伴儿也不错。

"迪克，你为什么会在洞穴里？族长说不让我们靠近洞穴，说那里有可怕的怪物。"

"他们在说谎！洞穴可以通向另一个世界。"

"那么，你带我去探险，好吗？"唐娜突然停下，很郑重地看着迪克说道。

"会有危险，你怕不怕？"迪克说。

"你不怕，我就不怕。"唐娜很坚定。

"好吧，不过我们在去之前要先填饱肚子。"

"嘘，到了。"唐娜示意迪克安静。

他们来到了一处水草非常茂盛的地带，悄悄地躲进了水草里面。唐娜让迪克再藏得深一些，他那幽暗的蓝色身体太容易暴露了，而唐娜

海洋活化石

那棕褐色的体色则正好适合隐蔽。

"这是什么地方？"看着眼前游来游去的小鱼，迪克忍不住想要冲出去捕食。

"等一下，一会儿就有好戏看了。这是蛇颈龙的猎食场，等一会儿蛇颈龙就会把鱼群赶跑，那些吓坏了的小鱼慌不择路，每次都能直接蹿到我的嘴里，哈哈。"唐娜洋洋得意地说。

"那些什么龙不会吃我们吗？"迪克担心起来。

"胆小鬼！不会的，他们不吃我们。不过还是要小心，别让他们发现最好。"唐娜一边说一边紧盯着前方。

"来了。"唐娜的声音压得很低。

迪克向远处望去，只见一只像海蛇一样的动物的头朝这边游来，显然他比海蛇的头要大。捕猎场里的小鱼并没有发现危险的到来。突然，受惊的鱼儿四散奔逃，慌乱中海蛇咬住了一条大鱼，那大鱼挣扎了几下就不动了。这时迪克才看清楚，那蛇头后面的身体是那么庞大，比他们要大上好几倍呢。

"迪克，快跑！"唐娜惊恐地喊道。

猛然间迪克发现他们的身后也出现了一个恐怖的蛇头，他想都没想就带着唐娜飞快地游向礁石区，他知道那里的空间很狭窄，蛇颈龙是进不去的。终于逃进了礁石区，蛇颈龙在他们头顶上的水域游了几圈后走了。不过，迪克和唐娜还是惊魂未定。

"怎么样，很刺激吧？"唐娜问。

"还行，不过下次最好提前告诉我一声。"迪克警惕地望着礁石区外面的世界。

"其实，我也是第一次来这边……也不知道怎么回事，反正和你在一起我一点儿都不害怕。"唐娜继续喘着粗气。

"这样啊，那我们悄悄游到洞穴那边去，开始我们的探险之旅吧。"迪克微笑着说。

"我觉得刚才已经是探险的开始了。"唐娜十分兴奋。

迪克和唐娜悄悄地游离了礁石区，洞穴近在眼前。这一次洞穴内的旅程非常短暂，很快他们就找到了另一个出口，可是出口非常狭小，只有一个缝隙能透进来一点儿光。迪克慢慢地游到洞口边缘，他发现堵在洞口的并不是石头，而是类似鱼鳞一样的东西。究竟是什么呢？迪克思索着。可就在这时，那东西居然动了，光线立刻全部照进了洞穴。几

乎是同时，迪克和唐娜都被眼前的景象惊呆了。那是一条无比硕大的鱼，比他们之前看到的蛇颈龙还要大，而且不是一条，是一群，一群无比硕大的鱼。迪克不认识这些鱼，不知道应不应该上前去打招呼。这时，迪克突然发现这里也有在他战胜奇虾时遇到的"百合花"，于是他决定去打听一下情况，再做打算。

迪克带着唐娜游到"百合花"的旁边，说："你好，你是海百合吗？"

"是的，你们是谁？"海百合回答道。

"我们是矛尾鱼，请问那些大鱼是谁？他们很凶吗？"迪克问。

"他们啊，他们是利兹鱼。他们一点儿都不凶，算得上是这里最温顺的鱼啦！"海百合笑着说。

"我们是第一次来到这片海域，请问，需要注意些什么？"迪克很客气。

"那可太多了。虽然你们看上去块头也挺大的，但是一定打不过剑射鱼。前面就是弓鲛的领地，他们可不是好惹的，估计现在一群饿极了的弓鲛正等着开饭呢，刚才那些利兹鱼快要倒霉了。"

就在这时，一个极大的阴影遮住了射进海底的阳光。迪克和唐娜看见一只灰白色的庞然大物逐渐消失在远方。

"那是滑齿龙，他们大概是海里最大的食肉龙了。"迪克和唐娜面面相觑，他们需要考虑是否还要在这可怕的、充满猎食者的世界里继

续探险。海百合似乎看出了他们的心思，说："我劝你们还是离开吧，我们这里也没有你们这样的鱼，我听大海龟说，沿着那个洞穴进去就能发现一群像你们这样长着腿的鱼。"

"谢谢你，我们决定听从你的劝告。"

迪克和唐娜游向海百合指引的洞穴，此时，一只滑齿龙悄悄地跟上了他们，好在被他们及时发现了，迪克和唐娜赶紧钻进洞穴。滑齿龙也跟着钻了进来，对他们穷追不舍。迪克和唐娜拼命向前游着，有几次甚至都能感到滑齿龙尖尖的牙齿就要碰到他们的尾巴了。这可把迪克和唐娜吓坏了，他俩已经精疲力竭，眼看就要变成滑齿龙的美餐了。忽然，洞穴前方传来一声巨响，一个黑乎乎的东西挡住了迪克、唐娜的逃生之路。他俩还来不及想对策，就被一个巨大的箱子罩住了。追上来的滑齿龙一口咬在箱子外面的铁栏杆上，差点儿把牙给磕掉了，无奈只能眼睁睁地看着迪克、唐娜近在眼前却入不了口，最后只好放弃。迪克、唐娜这才松了口气，但如果他们知道眼前的这个黑家伙就是人类的潜水艇的话，估计又得紧张了……

矛尾鱼与人类

发现矛尾鱼

　　矛尾鱼的发现有一段非常曲折的故事。现在，就让我们一起重温这段有趣的历史。

　　那是 1938 年的 12 月，在南非东南部的海港城市东伦敦市，有一位拉蒂迈小姐，她是解剖学教授的助理，也是当地的博物馆馆长，因此她经常会去港口采购一些鱼来制作标本。虽然圣诞节就快到了，教授也都已经放假回家，可拉蒂迈小姐还是照惯例来到了海港，在充满腥味的码头上寻找着合适的鱼。忽然一声大叫吸引了她的注意，因为她清楚地听到一个人叫道："天呐！它有牙！"

　　拉蒂迈小姐和许多不知道发生了什么事的人都涌向了一艘刚刚捕鱼归来的大船。她挤进人群，发现一条一米多长的大鱼躺在地上。这条鱼的身体是幽暗的蓝色，身上的鱼鳞像铁甲，尾鳍如短矛。鱼周围的人的脸上都带着惊讶和恐惧的神情，因为这条鱼不仅嘴里长着牙齿，身上竟然还长着像爬行动物一样的四肢，这究竟是什么怪物？

拉蒂迈小姐立刻意识到这条怪鱼的与众不同，于是掏钱买下了它。12月份的南半球，相当于北半球的6月份，天气非常炎热。为了防止鱼体变质，拉蒂迈小姐请当地一位制作标本的申特先生帮忙。申特先生用布将鱼一包，浸在福尔马林中。与此同时，拉蒂迈小姐给鱼类学家史密斯博士写了一封关于怪鱼的信，并附上鱼的素描图。但不巧的是，史密斯先生外出了，4天以后，拉蒂迈小姐没有接到史密斯先生的回信，却发现福尔马林没有浸透鱼体的内脏，鱼体已经开始腐败。她只好让申特先生剥下鱼皮，而将鱼的其余部分都丢入了垃圾箱。

1939年1月3日，史密斯博士发回电报说："最重要的是保存好鱼的头骨和鱼鳃，以便进行鉴定。"于是，博物馆的工作人员和申特先生连忙到垃圾堆中寻找鱼头和鱼鳃，但它们早已不知去向。2月16日，史密斯博士来到东伦敦市博物馆，望着这张鱼皮惋惜地说："我一直认为，自然界的某些地方会莫名其妙地出现一种非常原始的鱼类。"

史密斯博士没有灰心，接下来，他开始进行大范围悬赏，希望有人能再捕获一条这样的怪鱼。为此他甚至开出整整一百英镑的奖金，这在当时可是笔巨款。但博士等了十四年都没有人来领赏。直到1952年，有位渔民捉到了一条怪鱼，可他并没有在意，像往常一样用刀砍掉了鱼鳍，幸好，在他砍第二刀时被一名经过的教师制止了……史密斯博士终于等到了他要的鱼。为了保证这条鱼能在腐烂前被运到博物馆，南非总理特批了专机来运送这条珍贵的鱼。此时，科学家们才终于有机会揭开披在矛尾鱼身上的

海洋活化石

神秘面纱。

为了纪念首次发现矛尾鱼的拉蒂迈小姐，科学家们将这种鱼命名为"拉蒂迈鱼"。但因为这种鱼的整个尾鳍是奇特的矛状三叶形，所以也被称为"矛尾鱼"。矛尾鱼的发现被评定为 20 世纪生物学上最伟大的发现之一。

随着渔业科技水平的提高，不断有活的矛尾鱼被人们捉到。1988 年，在印度洋西部的大科摩罗群岛附近，科学家们发现了水下 180 米深处的矛

尾鱼天然栖息地。1997 年，科学家们在印度尼西亚的苏拉威西岛找到了一种非常像矛尾鱼的怪鱼，1999 年，这种怪鱼被科学家正式确定为是矛尾鱼的另外一种，和在非洲东海岸发现的矛尾鱼一样都是"活化石"，都属于总鳍鱼，只是两者在 4,000 万年前就开始朝着不同方向进化了。

在最早捕获矛尾鱼的科摩罗群岛，科学家们发现矛尾鱼并不是什么神秘特殊的物种。当地人如果在恶劣的大风暴天气出海，用 100 米以上的深水鱼钩就能捉到矛尾鱼，虽然概率不大，但毕竟不是太难的事情。当地的土著人并不知道矛尾鱼对科学研究具有非常重要的价值，他们对待矛尾鱼的办法就是吃。矛尾鱼的肉非常有韧性，吃起来口感不太好，所以多数时候土著人会把矛尾鱼肉腌起来，把矛尾鱼粗糙的鳞片做成锉刀，也算是物尽其用了。

神秘的矛尾鱼

在了解矛尾鱼之前，我们先了解一点儿生物分类的基础知识，这样能帮助我们更好地区分各种动物。地球上的生物种类繁多，科学家们就按照不同的生物属性给它们分成了很多种类。这些种类也是从大到小的，最大的范围叫"界"，我们都是属于动物界的，对立的就是植物界。比界小一点儿的范围是门，再小的范围依次是纲、目、科、属、种。举个简单的例子，我们人的生物学分类从大到小依次是：动物界、脊椎动物门、哺乳动物纲、灵长目、人科、人属、人种。我们和猴子、猩猩都属于灵长目，所以有很近的亲属关系。

了解了以上这些知识，我们才能真正体会到矛尾鱼在科学研究上有多么重要的价值。

按照生物学分类，矛尾鱼属于动物界脊索动物门硬骨鱼纲腔棘鱼目矛尾鱼科。在第一条活的矛尾鱼被发现之前，科学家们一直认为所有的这些总鳍鱼类，也就是硬骨鱼纲下属的总鳍鱼亚纲的物种都已经变成了化石。这些鱼曾经在古代海洋中到处都是，品种繁多，可后来却像恐龙、剑齿虎那样逐渐灭绝了。科学家们非常想知道这些鱼是如何生活的？它们究竟是不是登上了陆地，并且变成了爬行动物的祖先？这一切的答案都只能从化石中去寻找，而化石却不能全面反映当时

海洋活化石

生物的生存状况。而自从拉蒂迈小姐发现了意义重大的第一条活的矛尾鱼后，就意味着科学家们从此有了真实具体的总鳍鱼可以进行翔实的研究。可随着这条矛尾鱼被发现，更多的问题也接踵而来，矛尾鱼生活在哪里？它们是如何活到现在的？它们登上过陆地，为什么又重新回到了海洋？……

带着这些疑问，人们开始努力地寻找活的矛尾鱼来进行研究，当越来越多的活体被捕捉到，矛尾鱼神秘的面纱才被一点点儿揭开。

我们首先看到的是矛尾鱼那与众不同的外表。矛尾鱼最出名的就是它们的鱼鳍。现代的硬骨鱼鱼鳍里面并没有肌肉和骨骼，只有一根一根的鳍条，这些鱼鳍是用来加快游泳速度的。在家里做鱼吃之前，小朋友们可以去厨房看看那些即将被烹饪的鱼，再和矛尾鱼的图片对比一下，就会明白，矛尾鱼的鱼鳍有多特殊。矛尾鱼有 8 个肉质的鳍，胸鳍和下

侧的第二对鳍特别发达，已经长成了类似两栖动物四肢一样的"腿"！尽管鱼鳍的末端还是鳍条，但是鱼鳍里面有肌肉，并且胸鳍和腹鳍的肌肉里面还有根管状的骨骼，这一切都和现代鱼类有着极大的差别，倒更像爬行动物。矛尾鱼的鱼鳍说明了它们可以在海底爬行。

那么，小朋友们可能会问，矛尾鱼作为鱼为什么不生长更有利于游泳的鱼鳍，却发展成具有爬行能力的鱼鳍呢？显然，矛尾鱼在史前的某个阶段曾登上过陆地，或者说在浅水滩生活过，而这些浅水不足以支撑它们的体重，只有靠自己的鱼鳍来完成行动，于是，矛尾鱼的鱼鳍就渐渐向腿的功能演化。那么究竟是什么原因导致矛尾鱼要爬上陆地生活呢？

大家可以想象一下，在很久很久以前，地球上的环境发生了很大的变化。有些地区的水越来越少，很多小动物便慢慢开始向浅水区活动。为了能捕捉到它们，矛尾鱼也跟随到了浅水区，渐渐地矛尾鱼的鱼鳍就开始发生了改变。这一切的改变需要在几万年甚至几十万年间形成，而不是"今天环境变化，明天矛尾鱼的身体就变化"那么迅速。

登陆的矛尾鱼身体逐渐发生着改变，体形、捕食方式、呼吸方式等都发生着变化，最终它们不再是鱼了，而变成了两栖动物的祖先。这就出现了一个谜题：古代的矛尾鱼既然是两栖动物的祖先，那么海洋中的矛尾鱼是如何存活下来的？它们为什么在长出了四肢之后没有继续在陆地上生活呢？这些就需要以后的科学家们继续加以研究，正在看书的你将来或许能发现这个秘密也说不定。

看完了矛尾鱼的鱼鳍，再来看它们的身体，矛尾鱼的身体显然和现代鱼类不一样。现代鱼类为了能游得更快身体都变成了流线型，而再看看可怜的矛尾鱼还是粗筒子一样的体形。我们人类为了能让潜水艇和鱼雷有更快的速度，把这些水下器具的外形按照水里游得最快的鲨鱼和剑鱼的体形做出来，甚至为了能让游泳运动员游得更快做出了模仿鲨鱼皮的游泳衣。鲨鱼皮表面有着非常微小的规则的槽儿，这些槽儿可以最大限度地减小水的阻力。而矛尾鱼和鲨鱼等相比，它们的体态显然不是为了增加游泳速度而生的。

看完了矛尾鱼的外貌，科学家们又仔细地研究了矛尾鱼的骨骼。他们发现矛尾鱼的骨骼已经开始和两栖动物有相似之处了，这些都进一步证明了它们和进化成两栖动物的鱼类有着很密切的关系。只是现在的化

俺可不是"傻大个儿"！

石证据和活体研究成果还不足以为人类描绘出一幅完整的从鱼类到爬行动物的进化图。科学无止境，这些谜题就有待于小朋友们长大后去进一步探索了。

第一次亲密接触

既然有活的矛尾鱼，那能不能在海洋中见到它们？这个非常困难，但法国海洋生物学家、摄影师洛朗·巴莱斯塔却在巴黎国家自然历史博物馆和南非自然博物馆的帮助下，幸运地成为第一个和矛尾鱼亲密接触的潜水者，于是他率队出发前往南非沿海水域，开始了为期40天的深海潜水科考之旅。

经过周密的准备，洛朗和他的队员们仅用了1分钟就下潜到水下50米的深处。到达了这个点以后，他们放慢了速度，慢慢下潜到100米。一路上，洛朗看到了柳珊瑚、黑珊瑚、凤梨鱼、带紫色花纹斑点的理发师鱼，以及带金色条纹的肥皂鱼。接着他们继续下潜，闯进了一个无光的漆黑地带，就好像到了另一个星球。周围的水密度比空气大千倍，洛朗和他的队员们每平方厘米的身体要承受12公斤的压力，形象点儿说，就好比我们的大拇指指甲盖上站着一个2岁的小孩。即使顶着这样大的压力，洛朗他们的整个下潜过程也只用了不足4分钟。

终于，幸运降临到了洛朗身上，他是这样描述当时的情况："随着蹼足的摆动，我感觉自己好像跨越时空进入了一个科幻小说的世界。我看到了一个动物，是我亲眼所见！这是一个神话、一个传奇，是我魂牵梦绕的追求！"

　　洛朗回忆，当时自己正在110米深的海水中，面前岩壁上有横向排列的洞穴，他和队员们挨个把洞穴照亮，于是就看到了矛尾鱼。洛朗描述道："它就在那儿，镇定自若地待在一个洞穴口。它那带有花梗的鳍一直在动。它的体形很庞大，很有气势，身长近2米。我还清楚地看到了它的短刺，覆盖在背鳍上的蓝色条纹。我慢慢地、小心翼翼地向它靠近……越靠近时越感觉在我面前的是一条活生生的'恐龙'。我太激动了！我一直都在等待这一时刻，从我把头埋进海水里起、从我被海底奇观所震撼那一刻起、从我的童年起，我就一直在等待这一刻！我一直梦想着能亲眼见见矛尾鱼。我期待着，等待着，努力着，追求着。就是现在……"

　　洛朗喜出望外，但也不得不克制自己，不能惊动了矛尾鱼。他和矛尾鱼保持着一定的距离，因为谁也不知道矛尾鱼在面对人类时会做何反应。那条矛尾鱼转过头，看向洛朗他们，没有逃跑，没有躲进岩洞里。好奇？冷漠？矛尾鱼的举止很自然、很轻柔。突然，矛尾鱼开始移动，离开了洞穴口，它沿着峭壁上升，动作缓慢，臀鳍和第二背鳍像螺旋桨一样慢慢地旋转着。"我跟随着它，在它移动的时候，观察着它那巨大的交叠着的鳞片，那神秘的鳞片上覆盖着一层密密的薄刺。我还认出了它的颅骨骨板、鳃盖骨顶端的鳃裂、从长满厚肉的下颌露出的圆锥形的小牙、口鼻部感觉电场系统的深洞……我正在和世界上最古老的鱼类见面。在这之前，还没有谁这样做过。我观察着……观察着……一直到矛尾鱼从我的蹼足下游回到我难以进入的峡谷深处！"

谁是矛尾鱼

非常遗憾的是我国没有矛尾鱼。矛尾鱼只在非洲南部马达加斯加岛附近的深海中生活，极少游到浅海中来，所以很难捕捉。这种4亿年前生活在淡水里的鱼类，曾被科学家认为早已经在7,000万年前的白垩纪就灭绝了，因而，活的矛尾鱼非常珍贵。

☞成年矛尾鱼有1.5米长，体重可达50公斤以上，几乎相当于成年人的身高、体重。要是真在海里遇到活的这么个家伙，人还真不一定斗得过它。

☞矛尾鱼一般生活在200米至400米深的海域，属于"宅居一族"，它们大部分时间都待在洞穴里面休息，只有到了晚上才会出来找吃的。对于它们来说，水深不重要，阳光也不重要，重要的是温度，它们要求海水必须在14℃至22℃之间，只有这样的温度才能让它们保持活力。

☞如果要在鱼类中寻找花样游泳选手，矛尾鱼肯定会人选。它们可以头向下游，还能倒仰着游，而这些技能别的鱼类却很难掌握。这是因为矛尾鱼们的鱼鳔不像其他鱼类有呼吸功能，它们只负责调节矛尾鱼在水中的比重，所以矛尾鱼可以随心所欲，想怎么游就怎么游。虽然它们的鱼鳍很像腿，但曾经有科学工作者在海底趴了6个多小时，也没有见到矛尾鱼用鳍在海底爬动，看来，它们少有"步行"的需求，既然生活在海洋中，还是游泳更便利些。

☞矛尾鱼是鱼类走上陆地的进化标志，证据之一就是卵胎生。鱼类要繁殖后代，必须产卵，由卵孵化出小鱼。而矛尾鱼却是直接生小鱼，鱼卵在自己体内孵化后生出来，这就大大提高了幼体的存活率，这一点与陆生动物非常相似。但矛尾鱼为什么又回到水中去了，科学家们至今也没有研究明白。

☞矛尾鱼很能吃，它们吃一切能捉到的东西。那宽大的嘴巴和尖锐的牙齿就证明了它们是肉食动物。不过，虽然体形庞大，但它们的游泳速度却很慢，因此没办法像鲨鱼或者剑鱼那样在海里靠速度捕食。矛尾鱼是绝对的机会主义者，它们主要靠伏击抓住猎物，各种乌贼、鱿鱼、小鳗鱼、小鲨鱼以及其他各种深海鱼类都是它们的美食。

博物馆里的矛尾鱼

　　矛尾鱼对于生存环境要求很高，是无法在海洋馆里饲养的动物。我们只能在博物馆中见到它们的标本。由于矛尾鱼迄今为止只发现了200多条，所以标本也十分珍贵，一般都是博物馆的镇馆之宝。我国的第一条矛尾鱼标本是用1976年在科摩罗海域捕获的一条矛尾鱼制作而成的。1982年，科摩罗政府为了表达对我国人民的友好情意，将这一珍贵标本赠送给我国。说起来，如果按珍稀程度来排序的话，一条矛尾鱼至少抵得上10只大熊猫。这件珍贵的标本如今保存在中国古动物馆一层脊椎动物陈列厅里，全长1.65米，重65公斤，存放于一个巨大的、盛满福尔马林的玻璃水箱内。透过玻璃望去，它的鳞片似乎还闪着光，栩栩如生。小朋友们有机会可以去看看。

目前我国只有6条矛尾鱼标本，分别保存在中国古动物馆、北京自然历史博物馆、上海自然博物馆、杭州海洋二所、武汉中科院水生生物所和大连自然博物馆。

在大连自然博物馆里，还有3件矛尾鱼的化石标本。对比化石标本和实物标本，我们更能感受到矛尾鱼为什么被人们称为"活化石"，也会对矛尾鱼在生物进化史上的意义有更清晰的认识。

希望大家多
了解我……

真真假假，猜猜看

如果你已经认真阅读了前两部分，那么请看下面的故事，猜猜到底是真是假。

1. 了不起的祖先

大个子皇冠螺嘲笑鹦鹉螺个子太小，不过鹦鹉螺根本不把它的挑衅当回事。它扭头对身边的大王乌贼说："别看现在我很小，但我的祖先和你个头差不多大，那时候我们鹦鹉螺是海中个头最大的霸主，海洋里谁遇到我们都要让路。"10米长的大王乌贼惊讶地瞪大了双眼，而一旁的皇冠螺却认为这家伙是在撒谎。

鹦鹉螺会像匹诺曹一样因为撒谎变成长鼻子吗？

2. 吃掉了4亿多年前的鱼

如果你到印度洋上的科摩罗群岛旅行，当地土著人给你送上的菜肴中会包括一条腌好的矛尾鱼，并且告诉你矛尾鱼并不是什么神秘的东西，用深水鱼钩就能捉到。不过他们却对这种鱼已经有4亿多年历史的说法表示不相信，他们认为没有一种鱼可以活得那么久。

当地土著人的话你相信吗？

3. 正确位置

海洋动物博物馆准备举行一个"鱼类进化史"的展览。在安放矛尾鱼的时候，两名研究人员的意见不同，还为此吵了起来。

研究员A认为，矛尾鱼在鱼类的进化史上无足轻重，根本不该陈列在"鱼类进化史"中。

研究员B却有不同的看法，他认为矛尾鱼代表了鱼类的一个进化方向，为鱼类进化为两栖生物提供了重要依据。矛尾鱼在鱼类的进化史上的地位非常重要。

认真阅读这本书的你支持谁呢？

4. "鹦鹉螺号"潜水艇

1801年，美国人富尔顿建造了"鹦鹉螺号"潜艇。1954年，人们经过了一个半世纪的努力，美国的第一艘核潜艇下水了，这艘潜水艇仍然叫"鹦鹉螺号"。但这艘新"鹦鹉螺号"却可以依靠核动力，航行50天，走上3万公里仍不需要添加任何燃料，甚至可以从冰层下穿越北极。

那么，科学家是因为鹦鹉螺好看，才用"鹦鹉螺号"给潜水艇命名吗？

（答案见下页）

1

鹦鹉螺的鼻子绝对不会变长，这当然不是因为它根本没鼻子，而是因为它说得千真万确，是实话！在很久很久很久以前，或者说，在4.5亿年以前，鹦鹉螺确实是海洋中个头最大的霸主。史前的巨型鹦鹉螺足有11米长，住在圆锥形的细长壳子里。鲨鱼算什么，鹦鹉螺才是当时最凶猛的肉食动物，它长长的触手和尖锐的嘴，可以把当时的大部分海洋生物撕成碎块。人类是从猿慢慢进化成最聪明的地球生物，而鹦鹉螺家族则正好相反，从11米长的庞然大物变成现在几十厘米的小家伙。

鹦鹉螺的祖先一定会觉得后代真是太不争气了。

2

当地土著人的话是错的。矛尾鱼的个体当然不能活上4亿年，但它们的种族却顽强地生存繁衍下来，并且难得的是仍保持着4亿年前的模样。矛尾鱼是鱼类向两栖类动物过渡的中间类动物，对于科学研究有非常重要的价值。但对于当地土著人来说，鱼显然只有能吃和不能吃两种。不过因为矛尾鱼的肉非常有韧性，多数时候土著人会把鱼肉腌起来，把鱼粗糙的鳞片做成锉刀。

3

学名拉蒂迈鱼的矛尾鱼可是腔棘鱼目矛尾鱼科的唯一孑遗，是唯一还生活在海洋中的总鳍鱼类。它是世界上存活时间最长的脊椎动物。矛尾鱼的第二对鳍特别发达，而且能做出各种姿势，有时甚至还出现陆生四足动物的动作，很难不令人联想，矛尾鱼和两栖动物是不是有关系。矛尾鱼对研究生物的演化有着重要意义，所以有"活化石"之称。矛尾鱼所属的腔棘鱼目属于被称为肉鳍鱼类的家族，而肉鳍鱼类也包括了四足动物的祖先，因此对矛尾鱼的研究有助于了解四足动物的演化。因此，矛尾鱼的家族确实代表了鱼类的一种进化可能。所以，研究员B说的是对的。

4

鹦鹉螺确实好看，但潜水艇用"鹦鹉螺号"这个名字，却不是因为鹦鹉螺的外表，而是因为鹦鹉螺的结构给了潜水艇设计者很大启发。原来，鹦鹉螺的螺壳里有很多的小房间，这些小房间由一条小管道连接，管道的末尾是一间最大的屋子，也就是鹦鹉螺的卧室。鹦鹉螺通过这条小管道调节其他屋子里的空气，想浮上水面观光旅行就增加空气，想潜入海底藏到石缝里躲避敌害就减少空气，鹦鹉螺就像艘小小的潜水艇。鹦鹉螺的行为给了科学家启发，于是，人们就制造了潜水艇，用增减重量的方式控制潜水艇的上升和下潜。所以，潜水艇就被命名为"鹦鹉螺号"了。

猜对了吗？相信你是最棒的！

逐浪先锋马蹄蟹

马蹄蟹的故事

马蹄蟹实习记

马蹄蟹小卡从医学院毕业了，顺利地成为了一名实习医生，工作地点就在位于浅海湾的大堡礁珊瑚医院。这个医院非常大、非常美丽，设立在大堡礁的珊瑚中心区，是由各种颜色和形状的珊瑚组成的。这些珊瑚不能动，因为它们是由珊瑚虫分泌的钙质物质组成的。大量的珊瑚虫建造了这所医院，为海洋里的动物患者们提供了良好的医疗环境，动物们都愿意来这里看病。

今天是小卡第一天来上班，之前他从没来过大堡礁，平常他都生活在水深一点儿的海域里，所以浅水湾他还是第一次来。今天医院里可真热闹，小卡慢慢游到了医院的门口，各种鱼在这里来去匆匆。正在小卡犹豫间，一条橘红色、身上有两条白色条纹的小丑鱼出现在了他的面前。

"你好！你就是小卡吧，我是尼莫，欢迎你来到大堡礁医院，我负责接待你。"

"谢谢，那么……"小卡回答道。

"不客气。"尼莫说话很快，根本没给小卡提问的时间，"好，请跟我到这边来，我们这里以前从没来过马蹄蟹，你是第一个，所以大家都很期待你的到来。你看我们这儿很忙，我们必须收治各种各样的病人。被海葵蜇伤的小鱼啊，被乌贼擒住折断腿脚的螃蟹啊，被海龟咬掉部分身体的水母啊……各类患者，你要学会适应，嗯……适应这里飞快的节奏。"

"啊，好的，好的。"小卡被尼莫飞快的语速弄得有些头昏脑涨。

"你看那边，那些大鹿角珊瑚是我们的院墙，过了那边有一条小小的洋流，虽然很小但是水流很急，所以不要过去。"尼莫开始给小卡介绍医院的情况，小卡很认真地听他讲。

"你再看这边，这边的尽头是一条海沟，我们收治的一些大病号有些会被送到这里，你暂时还不会被分配到这边，所以也不用了解太多……

哦，你看这是班夫，我们这里的清洁工，准确地说应该是清洁虾。你知道的，动物一多难免垃圾就多，还是他们最勤劳，不然医院就变成垃圾场啦。"

小卡一边跟清洁虾班夫打招呼，一边准备继续往前走。可是清洁虾不知道发出了什么信号，突然蹿出四五只和他有着一样透明身体、带红色斑点的小虾，他们迅速爬上了小卡的身体一顿清理，弄得小卡又痒又难受。

"你别在意。"尼莫说，"他们很勤快的，进了医院必须要消毒。"

小卡被折腾一番后，还要向清洁虾道谢。突然他被一丛漂亮的花吸引住了，那朵花挺奇特，花朵柔软，花茎却有些粗。小卡正准备过去看看，却被尼莫拉住了。

"还是离那些绿海葵远一点儿吧，他们负责医院的守卫工作，职责可不轻啊。"

"守卫？他们连动都不能动吧？"小卡疑惑地问。

正在这时，那"花"开始动了。海葵的触手随着海流漂荡，就像在跳美妙的舞蹈。这时小卡才发现，那不是海葵在动，而是海葵身下的"石头"动了。

"那是寄居蟹皮皮，他负责我们这些警卫的活动。得快点走了，要是这么看看停停的真要耽误工作啦。"尼莫说完就迅速地游开了，小卡只好紧随其后。

"你看前面，那些大一些的石头洞穴里面都住着大石斑鱼。他们来这里主要是为了清理身上的寄生虫，这些工作多数都是由穆斯塔法大夫的医疗组来完成。不过我建议你还是别靠近那些洞穴为好，大石斑鱼似乎已经习惯了从里面蹿出来吞掉门口的小鱼虾。"

"谢谢你的忠告，我会小心的。你刚才说的穆斯塔法大夫是不是身上有黑白相间纵条纹的那种鱼？"小卡问道。

"是啊，清洁鱼都是那种颜色，就连鲨鱼见到他们也不会伤害他们的。"尼莫解释说。

"嗯，这个我知道，珊瑚礁里的鱼要靠他们来清洁鳃上的寄生虫和嘴里残留的食物。"小卡不想在尼莫面前表现得太无知，赶紧接了句话。

"啊，我们到啦！"尼莫热情地把小卡领到了一个宽敞的珊瑚礁洞穴旁边，继续说，"你先在这里休息一下，过一会儿我会带你去见你的实习导师——古斯塔夫博士，他是个很勤快的老头，现在他正在给玳瑁修复被鲨鱼咬伤的前肢呢。以后，

你跟着他可有苦头吃了，不过你只要不偷懒就没事了。我先失陪一会儿。"

还没等小卡回过神来，尼莫就一溜烟地游走了。小卡觉得挺有意思，这个新鲜的环境让他感到很兴奋，他甚至迫不及待地想为医院工作了。小卡想，作为医生，尽管还是一名实习医生，救死扶伤是自己的天职，一定要用最好的表现为更多的患者服务，让更多的海洋生物早点儿摆脱病痛的困扰。不过，小卡还没想好应该怎么干，毕竟他不知道自己在医学院学的那些知识是不是用得上。在离开医学院的那天，他的导师还叮嘱过他一句话：你的血液很宝贵，一定要珍惜。小卡一直没弄明白这句话的意思。他想这次在医院一定要搞清楚才行。

"嗨！小卡，休息得怎么样了？古斯塔夫博士的手术完成了。这老头连休息一下都不肯，就急着要见你。"尼莫不知道从哪儿冒了出来，不由分说就拉着小卡出发了。

穿过一丛茂盛的海带和裙带菜混合的"树林"，他们来到了一块相对开阔的地方，小卡拨开海草，突然发现眼前赫然出现了一条双髻鲨。

"鲨……鲨鱼！"小卡颤抖着说。还是尼莫的胆子大些，毕竟在海洋医院里还是见过一些世面的。

他壮着胆子靠近那条鲨鱼，问道："大夫，你在吗？古斯塔夫大夫？"

"我在这儿呢！"随着一声瓮声瓮气的回答，鲨鱼的背鳍后面冒出了一只大章鱼。这章鱼真有意思，头上顶着一副眼镜，眼镜下面是一挂听诊器，八条腿中有四条拿着各种医疗器材。

"不要害怕，这家伙是老路克，是我的老朋友了。他估计是咱们这片海域最后的双髻鲨了。"古斯塔夫博士说。

"最后的？为什么？"小卡有些不解。

"唉……"章鱼博士没有回答小卡，细心且专心地为双髻鲨处理着伤口。

尼莫慢慢靠近小卡，悄悄地对他说道："最近博士心情很不好，他的很多老朋友都不在了。嗯，总之，你不要再和他提起这些事就好了，我去忙了。"说完尼莫就游走了，只有小卡还愣在原地。

"嗨，小伙子！别愣着，把缝合线给我！"章鱼博士突然说话了。

"啊！好，给您！"小卡迅速找到缝合线递给了博士。又过了一小会儿，博士给双髻鲨路克缝好了伤口，双髻鲨道了谢之后就摇晃着身体慢慢地游走了。现在就只剩下博士和小卡两个人了。

"他失血过多，很难恢复了。"博士自言自语道。

"失血？那条双髻鲨失血过多？博士，我可以给他献血，我年轻，没有关系。"小卡说。

博士笑了笑没有说话。

这时一条小海马游了过来，急切地对博士说："博士，需要您出诊，地址在 S-22 海区的海湾。"

博士点了点头，转身对小卡说："准备好了吗？小伙子，我们要出发了。"

"是的，博士！"

"好，那么我们现在就启程，别忘了拿上我的药箱和医疗箱。"

海湾与医院之间的距离并不近，博士和小卡需要靠大蝠鲼带他们去。大蝠鲼的游泳速度虽然不快，但是非常稳当，是大堡礁医院里最可靠的救护车了。大蝠鲼是靠身体两侧的大鳍来游动的，游起来就好像在天空中飞翔，小卡还是第一次坐在别的海洋动物身上呢，所以特别兴奋。

"小伙子，请你坐好了，不要在我身上乱动。"大蝠鲼提醒小卡。

小卡觉得有些不好意思，连忙道歉："对不起，我头一次坐，以后保证不动了。"

果然直到目的地小卡都老老实实地坐着一动没动，还是博士提醒他到站了，他才提着博士的药箱走下大蝠鲼的后背。他们向大蝠鲼道了谢，就向患者游去。患者是一条受伤的金枪鱼，博士先围着金枪鱼转了一圈，发现除了鱼嘴有个大豁口还在流血之外，再没有别的伤口了。

"你这是被鱼钩刮伤的，还算万幸只是伤了嘴。如果不挣脱的话，现在你多半已经快到人类的餐桌上啦。"博士一边缝合伤口一边说道。金枪鱼的表情十分痛苦，但苦于嘴受伤了没办法说话，只能点头回应博士。

博士继续处理着伤口说："下次吃东西前一定要小心。你们金枪鱼吃东西就像抢一样……现在人类对你们的捕捞越来越频繁，也不知道人类对海洋的索取什么时候才是个头啊。"

给金枪鱼缝补好伤口，古斯塔夫博士已经很疲惫了。他和小卡又搭乘大蝠鲼回到医院，一路上小卡一直想问博士一些关于医疗上的问题，可他想了想还是忍住了，他觉得应该让博士休息一下，所以回医院的路上他们谁也没有再说话。

海洋活化石

　　回到医院后，小卡第一天的实习工作就算结束了。博士告诉他，第二天早晨要早起跟他一起查房，建议他晚上早点儿休息。尽管小卡奔波了一天是有点儿累了，但是他还想再多了解一些医院的情况，以便尽快熟悉环境和开展工作。小卡想了想打算找小丑鱼尼莫这个热心肠的朋友了解一下情况。天色已晚，小卡担心尼莫已经休息了，他抱着试试看的态度向清洁虾打听了一下尼莫的住处，清洁虾说尼莫正在珊瑚礁边缘带领龙虾保卫珊瑚礁呢。保卫珊瑚礁？听起来挺新鲜的，难道还有谁来侵略或者破坏吗？

　　顺着清洁虾指引的方向，小卡来到了"战场"。刚一到"战场"，他就发现眼前的珊瑚礁全白了，尼莫正在指挥几只龙虾清理着什么东西，那些东西浑身长着刺，看上去就很吓人。尼莫看见了正往这边游过来的小卡，大声喊他过来帮忙，于是小卡也加入了与这些长着刺的东西斗争的行列，不过作为马蹄蟹小卡可不怕这些刺。

　　"这些东西像海星，可我从没见过这种浑身长刺的海星。"小卡说。

　　"这就是海星，这种海星最可恶，他们会把珊瑚虫都吃光。你看眼前这些白色的珊瑚就是证据。珊瑚虫已经都被他们吃光了，只剩下这些

白色钙质的空屋子了。我们要打跑这些海星，保护珊瑚礁。"

"这么一大片白色的珊瑚礁都是海星弄的？"小卡惊奇地问。

"也不全是，还有一大部分是人类造成的。"尼莫无奈地摇着头。

"人类？"小卡越来越迷糊了。

"明天你问博士吧，他见多识广，我也只是听说。"

小卡只好不再问下去，和尼莫努力地清理那些可恶的海星。经过了一场恶战，小卡和尼莫都没力气再说话了，收兵后各自回到住处睡下了。

第二天早晨，小卡差点儿睡过了头，虽然没有迟到，但是古斯塔夫博士的脸色却已经有些不好看了。不过查房只是执行惯例，没有什么特殊事件发生，小卡仔细地做着笔记。查完房趁着休息的时候，小卡向博士问起了昨天听说的珊瑚礁的事。

"这么说，你是因为昨晚去帮忙清理海星，所以今天才起晚了？"博士问。

小卡点点头，博士脸上这才露出一丝微笑。

"帮助别人是好事，不过以后千万不要轻易离开珊瑚礁，因为外面的世界很危险。"博士警告说。

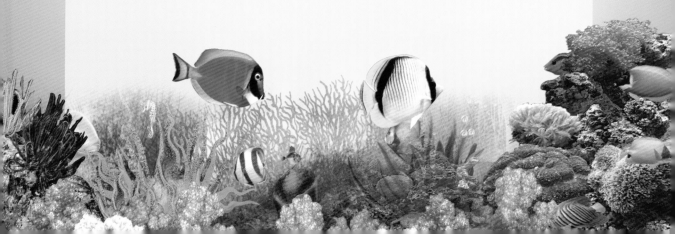

"您放心，这里没有什么大型生物能吃我的。"小卡表现得很自信。

"现在对我们威胁最大的不是海洋生物，而是人类啊。"

"哦？请您给我讲讲吧。"

"好吧，现在也没什么病人，我来给你说说我亲身经历的事情。我以前有个朋友叫伊凡，他是一只老海龟，是十分稀少的棱皮龟。每年他都会顺着洋流来珊瑚礁附近看我，算起来他已经四五年没有来了。"

"他出什么事了？"小卡插嘴问。

"具体情况我也不知道，但是水母带来的消息说，整个棱皮龟种群都已经消失了，而能让他们全部消失的就只有人类了。你想听珊瑚礁的事，我知道，你先别急。咱们昨天看到的老路克，那条可怜的双髻鲨，他的家族也快消失了，还不是因为人类要吃鱼翅。还有昨天那条金枪鱼，以前海洋里的金枪鱼特别多，可现在像他那么大的却已经不多了。"

小卡想说点儿什么来安慰博士，却又不知道该怎么开口。正在犹豫间，博士继续说道："去年，对，就是去年，医院接到通知让所有大夫都去接一个外诊。开始我还很奇怪为什么要去那么多的大夫，等到了那里我一下子惊呆了，其实我们到那儿以后也没帮上什么忙，因为他们都死了。几百条宽吻海豚都被人类杀死了，还有一些领航鲸也和海豚一起死了。鲜血染红了海湾。我们什么都做不了，只能任由杀戮横行。现在说珊瑚礁的事，那些海星能吃掉的珊瑚虫很有限，而且我们有保卫者所以基本不怕他们。可人类就不同了，人类比海星厉害上百倍！珊瑚虫对于温度变化很敏感，人类的活动会导致地球上的温度越来越高，用人类的话说，就是'温室效应'。温度升高几度对于他们没什么影响，可是却会导致珊瑚大片死亡。你昨天看到的情况就是这种原因造成的。最近几年，越来越多的海洋生物因为人类的捕捞住进咱们医院，但是多数都已经不可能痊愈了。"

"我们马蹄蟹的数量也在减少，我的好多亲戚上岸之后就再没有回来，这个和人类也有关系吗？"小卡紧张地问道。

"对，肯定是人类干的。因为你们珍贵的血液！"博士说。

"我们的血液有什么特殊吗？"小卡好奇地问。

"对于其他海洋生物来说，你们的血没有任何用处，可对于人类，你们的血却是非常宝贵的。他们利用你们的血液来制一种药剂，给自己治病，才不管你们的死活呢！"

又有新患者住进医院了，古斯塔夫博士带着小卡走上了手术台。可小卡却一直在想一个问题，究竟怎样做才能让人类不再屠杀海洋生物呢？海洋有自己的一套生态系统，鲨鱼吃小鱼，乌贼吃螃蟹，但这都不会破坏自然的平衡，为什么人类一出现就把海洋破坏成这样了呢？究竟有没有办法保护海洋生物呢？

小朋友们，你们说呢？

马蹄蟹与人类

马蹄蟹的学名叫鲎（hòu），和鹦鹉螺、矛尾鱼一样，是名副其实的"活化石"，因为它们已经在地球上存活了 4 亿年。不过，马蹄蟹的样子可没有鹦鹉螺好看，也没有矛尾鱼威武，它们甚至有些丑陋，从没见过它们的人会觉得它们像外星怪物。

鲎血，救人害己

鲎的血液是蓝色的，这一点就和我们脊椎动物有很大的差异。大家都知道我们人类的血液是红色的，因为我们的血液里含有大量的血红蛋白，而血红蛋白的主要成分是铁，所以这些铁给了我们红颜色的血液。鲎的血液是蓝色的，主要因为其血液里含有大量的铜。这不是说我们的血液里面有铁块，鲎的血液里有铜丝，要知道，铁和铜这些元素在血液里都是以离子形态存在的。其实很多动物的血液也不是红色，其中比较特殊的就是河蚌的血，和鲎的血液一样是蓝色的；蚯蚓的血液是玫瑰红色的；虾的血液是青色的；蜗牛的血液是透明的。大多数的昆虫血液也是多种颜色的，因为很多昆虫的血液不参与呼吸作用，所以也就没有了呼吸色素。常见的有黄色、绿色，这些颜色都是其他物质产生的色素颜色。

可是，小朋友，你们知道吗，鲎的蓝色血液能够救人，却也因此给它们自己带来了灾难！

　　鲎的血液对于我们人类来说有很大的用处，它能制成一种叫"鲎试剂"的东西。这种神奇的试剂能快速、灵敏地检测到细胞内的毒素。这种说法很多小朋友可能听不懂，简单地讲，鲎的血液有一种特殊物质，这种物质能制成一种试剂，算是一种药，只要把这些药往注射液里面一混合就行了。如果注射液在加入了鲎试剂以后立即凝固或变色，就说明这个注射液里面含有能让人休克或者死亡的毒素。

　　鲎试剂是目前为止全世界范围内公认的毒素检测剂，并且检测方法简便、迅速，这无疑给毒素检测提供了极大的便利条件。于是鲎试剂被广泛应用到各个领域，除了注射液以外，还被应用到放射性药品、疫苗及其他生物制品、各种液体、食品和奶制品的内毒素检测与定量方面。所以人们需要大量的鲎血来制作鲎试剂。鲎血里的某些变形细胞甚至被宇航员带上了太空，侦测有机体，同时保护宇航员不受疾病的侵害。

　　这下鲎们可惨了。在漫长的历史长河中，它们之所以能够生存到现在，其中一个重要原因就是它们非常不好吃，没有了吃它们的敌人，鲎自然可以优哉地生存、繁衍。但当人类发现了鲎的血液有如此大的用处

以后，捕杀就随之而来了。尽管人类并不把鲎杀死，而是进行活体采血，采完血后再把鲎放归大海，人类以为这样做不会影响到鲎的生活，可随着人类对鲎血的需求量越来越大，鲎的生活受到的影响也越来越大。由于采血量的逐渐增加，大多数的鲎出现了贫血现象，这不仅影响到它们生小宝宝，而且连它们自己的寿命也因此大大缩短了。可人类依然无休止地对鲎采着血。

无论是什么生物都有生存的权利，我们对于在可爱的熊身上取胆汁的行为万分鄙视，可却没有人替鲎说句公道话。

鲎眼和鲎药

其实鲎对于人类的贡献很大，它们的贡献并不仅仅是鲎试剂。鲎的眼睛很特殊，会产生一种侧抑制现象，使物体的成像更加清晰。现在这个技术已经被人类掌握了，并且广泛地应用在了电视和雷达系统中，提高了电视成像的清晰度和雷达显示的灵敏度。小朋友们，现在我们有高清的电视可看，这其中就有鲎们的贡献。

中医药上，古来就有将鲎入药的传统，认为鲎可以止血，清热解毒。

作为药物原料，鲎还具有其他多种疗效，据宋代《嘉祐本草》记载，鲎肉主治痔疮；鲎卵可治红、青光眼；鲎胆主治大风癫疾、积年咁咳；鲎尾烧焦主治肠风泻血和妇科崩中带下、产后痢等症；鲎甲壳烧成灰可治咳嗽、高烧。至今，我国民间仍流传着鲎的多种药方。

吃鲎有营养吗？

我国东南沿海地区素有吃鲎的习惯，人们还没有真正意识到吃鲎对身体健康的危害性。一些商家在经济利益的驱使下，甚至对鲎进行盲目炒作和蓄意误导，宣传吃鲎对身体如何有益，以致这种古生物遭到滥捕滥杀。要知道，一只鲎需要蜕16次皮，长到13岁才能达到成熟，才可以生儿育女，人们毫无节制地食用鲎，很可能造成鲎就此无法繁殖，进而对种群生存构成威胁。已经在地球上生存了4亿年的鲎，难道要在我们这一代人手中断子绝孙吗？

如今，到搜索网站上去搜索马蹄蟹或者"鲎"这个关键字，会得到什么样的结果呢？除了那些最基础的和鲎相关的百科知识之外，最多的内容就是教我们如何吃它们。我们对待这些大自然的朋友就真的只有吃了吗？请大家想一想，我们是不是非要吃鲎不可。科学研究证实，鲎肉里面有一种特异性蛋白，吃鲎可引发皮肤过敏性斑疹、红肿和瘙痒，严重时会导致过敏性休克或致死性毒性反应，而且死亡的可能性比较大。作为一种海洋生物，鲎的体内同样还有大量我们人类无法自我代谢的嘌呤，这会导致我们得痛风。鲎血是人类目前应用最广的内毒素检测剂的原料，但直接食用会导致大范围的肝肾损伤，所以，小朋友们一定要多多提醒你身边的人，为了我们自身健康请不要食用鲎。其实很多野生动物都含有病菌或对人体有害的重金属，比如我们经常吃的鱼翅里，就有对人体危害非常严重的重金属镉。所以为了我们自己和家人，请不要吃野生动物！

保护鲎

全世界只有四种鲎，我国就有一种——中国鲎。现在，中国鲎的分布范围非常小，只有我国广东湛江附近海域数量比较多，在日本濑户内海等海域的中国鲎已经因为人类的过度捕杀绝迹了，而在我国厦门以北原有大量中国鲎分布的海域现在也很难发现中国鲎的踪迹了。因此，我国正在陆续建立鲎的自然保护区。在湛江成立的遂溪中国鲎自然保护区就是专门为了保护这一宝贵生物而设立的。目前，遂溪中国鲎自然保护区的管理人员还只能在草潭渔政中队里办公，而且大都是由水产技术推广站和渔政中队工作人员兼职的，保护力量还很薄弱。我们能做的就是不食用野生鲎、宣传保护鲎的知识，这也是对鲎的一种保护。

湛江还有一个南三岛鲎类自然保护区。湛江以及附近的海域是中国鲎分布最多的海区，也是地球上仅存的中国鲎的栖息地。每年的11月到第二年的4月初，中国鲎在深水区过冬。6月到8月产卵的季节，中国鲎就到遂溪沿海产卵，孵化幼鲎，这个时候，海滩上到处都是披着"盔甲"模样的鲎，那场景真让人有点儿回到史前的感觉。

福建的平潭岛曾经是世界闻名的产鲎区，当地中国鲎产量也曾经是全国第一。但由于当地人有吃鲎的习惯，1990年平潭的中国鲎就已经成了濒危物种。尽管多年以来平潭县政府和福州市政府加大了保护力度，可因为鲎的生长周期长等原因，从整体来看平潭中国鲎的数量并没有明显增加的迹象。不过中国福建平潭岛中国鲎特别保护区已经在筹备建设中，希望不久的将来，平潭岛能再度成为中国鲎的乐园。

不过令人欣慰的是，目前广西也正在筹建鲎的自然保护区，希望这类保护区以后能越来越多，也希望保护区不仅仅只是针对鲎这一种古老的动物。

谁是马蹄蟹

　　马蹄蟹的名字里有"蟹"字，但是它们和螃蟹可没什么关系。它们的亲戚是蜘蛛与蝎子，若是追溯到远古时代的话，它们的近亲就是三叶虫了。前面已经讲过了，马蹄蟹的大名叫鲎，鲎没有像三叶虫那样在地球上消失变成化石，而是一直顽强地活到了现在，度过了 4.2 亿年的漫长时光，因此鲎绝对是名副其实的"活化石"。它们占领海洋的时代还没有鱼呢，更别提恐龙什么的了。就连之前介绍的矛尾鱼，在鲎面前都只能算是小辈。

　　成年的雌鲎比摩托车头盔还要大，模样长得怪怪的，背面像古代武士的护心甲，后面拖着一根长尾巴。鲎分为头胸部、腹部和尾部三个部分，头胸部形状像马蹄的样子，所以俗名就叫作"马蹄蟹"。如果按照科学家们的分类方法，鲎属于节肢动物门肢口纲剑尾目鲎科。这样一来大家就应该知道鲎和螃蟹不一样了，因为螃蟹属于节肢动物门甲壳纲十足目。鲎被人们称为"活化石"的另一个证据就是肢口纲里的其他生物都已经不存在了，它们都变成了化石，只有鲎还好好地活在地球上。只不过最近由于人类的过度捕杀，导致鲎的数量大幅下降。

鲎的尾巴特别像一把三棱刮刀，这是鲎自我保护的武器。鲎一般是青褐色或暗褐色，有点儿像海里石头的颜色，这应该算是一种伪装，让吃鲎的敌人区分不出来哪个是鲎，哪个是石头。鲎还有四只眼睛，一对小眼睛用来感知紫外线，一对大复眼用来看东西。

☞鲎的居住地非常有限，只有四处，一处在北美洲，另外三处在亚洲。在北美生活的叫美洲鲎，在亚洲生活的有中国鲎（又叫东方鲎）、南方鲎和圆尾鲎。亚洲的这三种鲎都是亲戚，从日本、韩国一直向南到印度孟加拉湾都有它们的身影。

☞为了能生存下去，鲎锻炼出了很强大的消化系统，嘴边有十条小腿来帮助它吃东西。它们吃的东西很多，也很杂，那些壳很薄的贝壳、沙蚕、星虫、海葵等都是鲎食谱上的美味。有时候找不到活食，鲎也吃动物的尸体，雌鲎甚至还吃幼年的小鲎。

☞传说中鲎的夫妻感情很好，所以人们又给它们起了一个名字叫"海底鸳鸯"，也叫"夫妻鱼"，意思是一旦雌雄鲎结为伴侣，就会像鸳鸯一样，朝夕相处、形影不离，一生都会在一起。假如一只鲎被抓住了，另一只就会紧跟上来，宁愿死在一起，也不愿独活。瘦小的雄鲎总是趴在雌鲎的背上。有经验的渔民就利用鲎的这个特点来捕捉它们，办法很简单，先朝大海里抛一个大网，再在网里撒点儿黏糊糊的鱼食，引鲎来吃，

海洋活化石

鲎闻到香味，就会游过来。渔民抓住雌鲎的尾巴时，雄鲎会紧紧抱住雌鲎不放，这样往往一抓就能抓住两只。

其实，"海底鸳鸯"只是人们主观的想法，鲎自己可不这么认为。原来，渔民去捕鲎的时候，一定会去捉雌鲎，因为雄鲎要么就乖乖地待在原地不跑，要么就抱着雌鲎一起双双被捕。可是如果捉雄鲎，雌鲎就会自顾自溜掉了。

俺就是不放手！

海洋馆里的马蹄蟹

马蹄蟹可是海洋馆里的常客。在大连圣亚的"海洋世界"里，马蹄蟹住在触摸池中，可以让参观者自由触摸。别看它们的样子挺吓人，其实它们的脾气非常好，不会伤人。

在上海海洋水族馆里，马蹄蟹有自己单独的展区，仿真的海洋环境中有波浪冲刷的沙滩和码头栈桥，那里生活着 30 多只马蹄蟹。2006 年，上海海洋水族馆在国内首次人工繁殖马蹄蟹成功。200 多颗马蹄蟹的卵在工作人员的悉心照料下，成功孵化 150 多颗。刚孵化出的小宝宝只有半粒米大小，满月后就能长到豆子般大小，浅褐色的身体是透明的，看上去十分娇嫩。水族馆的工作人员为它们量身定做了一个"新家"，水的盐度为 30‰，水温保持 26℃的恒温，每天工作人员还要仔细地将鱿鱼、金枪鱼、虾捣碎给它们吃。即便在这样一个良好的生长环境中，这些小马蹄蟹长到 50 厘米也需要差不多十年的时间。

凌波仙女海百合

海百合的故事

季节女神的花园

海百合孤独地生活在浩瀚的海洋中，她没有朋友。以前的她生长在海底，每天像花朵一样绽放，很多动物都是她的朋友，有三叶虫、微网虫、海口鱼等。可是后来鱼儿总是来欺负她，不是将她的"花瓣"咬得残缺不全，就是把她的"花柄"咬断。可是海百合并不在乎这些，她的生命力非常顽强，而真正让海百合难过的是朋友们的消失。海百合也不知道为什么，原来她身边有那么多朋友，可现在三叶虫没了，直角石没了，漂亮的菊石也不见了……海百合并不知道这些生物都是被自然规律淘汰的，她只是发现海洋中的生物少了，剩下的鱼都是来吃她的。

海百合变得很孤独，她希望有人陪她玩，希望能有更多的朋友和她说话。她每天过着不是被鱼儿咬断了花柄到处漂泊就是孤单地随着水流摆动的生活，最令她伤心的是，她那优美的舞姿竟没有人来欣赏。

有一天，海百合照例迎接早晨照射到海底的阳光，无意间她发现了一只随着洋流漂泊至此的水母。水母告诉她海洋也是有边的，海洋的边缘叫陆地，那里有很多很多和海洋里不一样的生物，那里就像天堂一样美丽，各种生物都快乐地

生活着。海百合听水母讲故事听得入迷了，她开始幻想着去陆地。其实她想去陆地还有一个更重要的原因，因为水母偷偷地告诉她，陆地上也有一种生物叫百合，在那里大家都很喜欢百合，都愿意和她做朋友。海百合心里一直渴望朋友，于是她非常想去陆地，白天想，晚上想，做梦都想。

终于，也许是在梦里，也许就是在现实世界里，海百合来到了陆地。

陆地果然很奇妙，这里没有水，却让海百合有种奇特的感觉，就像海流掠过她的身体，带来淡淡的暖意或者是丝丝的凉意，她不知道这是风，是能携带花香、推着彩云飞的微风。海百合没有忘记自己来到陆地上的目的——找到朋友，找到属于自己的天地。

海百合漫无目的地走着，完全没有目标和方向，刚到这里她感到了孤独，但是她愿意接受这样的孤独，为了能找到朋友，哪怕只有一丝希望她也愿意坚持。走着走着，海百合闻到了一股味道，这味道真的很好闻。她不知道这是花香，只是感觉非常美好，于是就顺着这香味一路寻过去。不一会儿她就走到了一个大门前，香味就是从这里飘出来的。

"有人吗？能给我开开门吗？"海百合在门口喊道。

"是谁在叫门啊？"门被打开了，门口出现了一位非常漂亮的女郎。海百合有些不知所措了，但还是鼓起勇气走上前去。

"你是谁？有什么事吗？"那位漂亮的女郎头上戴着一朵冷艳的花朵，身上穿着一领洁白的白纱，白纱和女郎头上的红花互相映衬分外美丽。

"我是海百合，我觉得你们这里非常好，我能住在这里吗？"海百合一口气说出了自己的想法。

"哎哟，我还是第一次见你这样的百合呢。不过你既然是百合，那就不该住在我这里，你去前边看看吧。"女郎说。

"姐姐，我为什么不能住在这里呢？"海百合又追问。

"呵呵，这'百合'还挺实心眼。我跟你说，这里是冬季花园，我是腊梅花神。我们这里非常冷，你能受得了吗？"说着，腊梅花神就把门全打开了。海百合瞬间感觉到一股冷气向她扑来，她有些受不了。园子里面一片雪白，在山坡上有那么一株老梅花正绚烂地开放着。看着这凌寒独自绽放的花朵，海百合挺感动，她想留在这里。腊梅花神似乎看穿了海百合的心思说："小朋友，你真的不属于这里，听我的，一直往前走，就会找到你的归宿，找到你的朋友了。"

海百合有些沮丧，她想留在这里，可又有点儿害怕这寒冷的气候，于是决定继续往前走。

刚才那位花神姐姐不是说了我的归宿在前方吗？那我就一直朝前

走好了，海百合这样想。

越往前走，海百合越感觉不那么冷了。果然，转过了山角，海百合又看见了一座大园子。这座园子不像刚才那座冬季花园那么冷清，里面似乎非常热闹。海百合没有犹豫就去敲门了。很快，门开了，出现了三位仙女。海百合现在知道她们都是仙女了，于是很恭敬地说道："你们好，我是海百合。"

"呵呵，挺有礼貌的啊。你好，海百合。我是菊花花神，中间的是月季花神，那边那位是桂花花神。"

"嗯，那边的桂花花神好香啊。"海百合说。

"当然了，我们桂花可不是什么花都能比的。宋代大词人李清照的词里面都说了'何须浅碧深红色，自是花中第一流。梅定妒，菊应

羞'……"桂花花神笑着说。

"好了，别说没用的了，什么梅定妒，菊应羞，你自己夸自己也不害羞。我们还是问问这位海百合妹妹有什么事吧。"月季花神说。

"我从海里来，在海里我很孤独，没有朋友，我能留在你们这里吗？"海百合小声说。

"是这样啊，我想你不能留在这里，我们这里是秋季花园。秋天开放的花朵都在这里，你看南山下的菊围、清池边的芙蓉园，可偏偏没有百合园。你还是继续往前走吧，在前面就能找到属于你的归宿了。"

海百合有些难过，她不知道为什么先后路过的两个花园都不接纳她，她渴望着尽快找到归宿和朋友。

海百合离开了秋季花园，她不知道自己究竟还能不能找到前面的路，她伤心极了，于是坐在路边哭了起来。她的哭声感动了南飞的大雁，太阳也不忍心似的躲进了云层。

这时候一个老爷爷出现在了海百合的身旁，问她："你为什么哭啊？"

海百合看这个白胡子都拖到了地上的老头还挺和蔼的就不哭了，说："老爷爷，我没有朋友。"

"哦？你叫什么名字啊？"

"我叫海百合。"

"海百合，海百合，这个名字挺陌生的。你是从海里来的吗？"老爷爷皱着眉问。

"是的。"

"既然你生活在海里，那你来陆地上干什么呢？"老爷爷问。

"我在海里没有朋友，海里的动物都欺负我。"海百合委屈地说。

"嗯，好吧，你跟我来，看看前面有没有你的朋友。记住孩子，无论什么时候都不要哭鼻子哦。"

"好的，我记住了。"

老人带海百合来到了另外一座更大的花园门前，用他的拐杖敲了敲门。

门开了，里面走出来一位身穿绿色衣服的仙女，仙女头顶上插着一朵粉白色带有黄色花蕊的花，既端庄，又美丽。

"哟，南极仙翁啊，什么风把您给吹来了？"仙女边笑着打招呼，边去扶白胡子老爷爷。

"荷花仙子，不用客气，我老汉是给这个小朋友找归宿来的。"

"是她啊，刚才我从腊梅妹妹和菊花妹妹那里听说了她的事。不过百合花一向是放在春季园子里的，百合妹妹只是偶尔来我们夏季花园，不知道这个小朋友有没有缘分见到呢。"荷花仙子说。

"没关系，我直接找春姑娘去吧，也省事。"

"您还是别去了，如今大地寒冬已过，春满人间。春姐姐带着众花神去人间了。"

"哎呀，真是，你看我都老糊涂了。"南极仙翁拍了拍自己的脑袋。

"您也别着急，我让牡丹妹妹给您泡茶去。您在这儿休息一下再走吧。"荷花仙子邀请他们进去坐一坐。

"不了，不了，我还是快点儿给她找归宿吧。"

告别了荷花仙子，南极仙翁也没什么好办法了。海百合心里挺过意不去的，反过来劝仙翁老爷爷不要着急。

忽然，天上飘下了一朵云，当云朵落到地上时出现了一个人，说是人可长相却很奇怪，南极仙翁看见他非常高兴，好像抓到了救命稻草。他叫上海百合，走到了那人面前说："你来得正是时候，这是你们海里的海百合，不知道怎么跑到陆地上来了。你帮帮她吧。"

海百合从没见过这个怪模怪样的人，有点儿害怕，直往南极仙翁的后面躲。

南极仙翁笑了，他推推海百合："别怕，这是龙王，他能帮助你。"

龙王点头："是啊，我正在找她呢。最近听海百合族里报告说少了一位，我一刻没停就出来了。快跟我回去吧。"

南极仙翁拉住龙王说："老龙王，按理说她应该跟你回去。但是她说鱼和螃蟹总欺负她，总去咬她的花瓣，这才跑出来的。她还跑去季节仙女们的花园求人家收留她呢。"

　　龙王听后不禁乐了，对海百合说："你是动物，跑到人家植物花园里干什么。自然界的相生相克本来就没办法避免，这次既然南极仙翁都替你说情了，我就把你花朵后面的茎剪断好了，以后你就可以自己游动了，不用再怕那些鱼和螃蟹了。"

　　海百合听完后觉得这个办法不错，不过她还真不知道自己虽然名字里有"百合"却是动物，和陆地上的百合其实一点儿关系都没有。既然问题都解决了，海百合也不再难过了，这样她就又能回到海里去找朋友了。想到又能找到很多好朋友，海百合高兴地连声向南极仙翁和龙王道谢。

　　就这样海百合跟着龙王回到了海里。现在有很多种海百合都能在海里游动，躲避鱼儿的攻击了。当然，她们在四处游动的过程中也结交了很多好朋友。

海百合与人类

小朋友，你们知道吗？在历史的长河中生物大灭绝事件发生了不只一次。你们也许都听过恐龙灭绝的事情，但那已经是地球历史上的第五次生物大灭绝了。尽管到现在科学家们还为恐龙灭绝的原因争论不休，但在那之前的确还发生过多次地球上大部分生物都死亡的事件。海百合就是第三次生物大灭绝中的幸存物种，能存活下来全是因为它的种族占据了当时棘皮动物的三分之一，数量相当庞大。那次生物大灭绝使地球上失去了百分之九十的海洋生物和百分之七十的陆地生物。海百合种群虽然也损失惨重，但毕竟数量庞大，没有灭绝，直到现在海洋中还有600多种海百合顽强地生存着。

可让海百合出名的却并不是现存的这些活生生的"海中仙女"，而是它们的化石。这些化石包含了大量史前信息，又非常具有美感，是既具有科学价值又有艺术价值的宝贝。

海百合化石

海百合生活在 4.5 亿年前的海洋中，它们比恐龙还要早 2 亿多年，是史上最早的生物之一。海百合对于生活环境的要求非常高，一旦环境不适合就会大批消亡，再加上海百合本身没有恐龙那样的骨架，因此形成的化石就更少、更珍贵。海

百合化石的价值究竟有多高呢？2006 年，一块长 2 米、宽 1.2 米的海百合化石的转让价格就达到了 1,200 万人民币。但如此珍稀的古生物化石的价值绝不是用金钱可以衡量的。广东博物馆 2010 年开馆时，就用一块高 3.2 米、宽 2.6 米、价值 8,000 万元人民币的海百合化石作为镇馆之宝。贵州石文化艺术宫展出过长 4 米、高 8 米、宽 1.9 米，总面积达 9.36 平方米的海百合化石，化石上有关岭创孔海百合 21 朵，许氏创孔海百合 15 朵，其中最大的单株海百合冠部直径超过了 40 厘米，属于无价之宝。

我国的部分海百合化石曾经被一些为了金钱利益的不法分子偷偷走私到了美国。2001 年，美国圣地亚哥海关发现了一批中国化石走私品，其中就有一块大型海百合化石。此化石距今已经有 2.3 亿年的历史了，化石中的海百合形态宛如"水中仙子"，亭亭玉立，让人不禁感叹大自然的创作精美绝伦。化石中的海百合保存完好，"花冠"和"茎"也

都没有缺损，极具科研价值。最让人们啧啧称奇的是，古代的海百合大都附着在海底的石头上，而这块化石中的海百合却全部附着在了一块木头上。这样的巧合实属罕见，也正因如此才突出了这块化石的珍贵。同时，在这批被查获的化石中还有80多块海百合化石。

在我国政府的努力下，美国海关总署同意将这批化石全部归还。随后，国家文物局决定将这些珍贵的化石交给北京自然博物馆收藏。现在我们去到北京自然博物馆还能看见一大块海百合的化石，有机会的话，小朋友们一定要去参观啊。

关岭化石群国家地质公园

世界上的海百合化石主要集中于德国的阿尔卑斯山和中国贵州。贵州关岭地区出土的海百合化石较为系统，多数集中在距今2.2亿年前的三叠纪时期，共有10余种。贵州关岭地区不仅仅是海百合的故乡，科学家们还在这里发现了贵州龙、兴义龙等珍贵的恐龙化石，所以他们把这里的化石统称为"关岭古生物群落"。

我们可以试想一下这样的画面：浅浅的海湾，阳光可以直射到海底。海底有千姿百态、婀娜多姿的海百合，它们附着在岩石上，顺着水流张开了花瓣一样的腕枝。在海百合的腕枝间，各种各样的鱼类穿梭游动，寻找着食物。菊石、鹦鹉螺等则在一旁悠闲地慢慢爬行。忽然，一条黔鱼龙横冲过来咬住了一只鹦鹉螺，飞快地游走了……

这就是2亿多年前的贵州关岭地区，当时这里还是一片封闭的海域，气候温暖，海水湛蓝，清澈见底，到处生长着美丽的海百合。兴义龙和贵州龙也生活在这里，由于没有天敌，生物的数量越来越多，就像世外桃源一样……生物大灭绝事件发生后，海百合和动物的遗骸不断被泥沙掩埋，沉积到海底，成为珍贵的化石。2亿年来，沧海桑田，原来的海洋变成了山地，深埋在海底的各种海洋生物化石被抬高到地表附近。这些化石经常被当地人捡到，可这些人并不知道它们的价值，他们管这种化石叫花石头。这些被称为"花石头"的化石勾画出了史前海洋与海洋生物的奇妙景观，以及云贵高原的原始风貌。现在，贵州关岭的古生物化石产地已经建立了关岭化石群国家地质公园了，小朋友们有空儿可以让爸爸、妈妈带你们去看看。

谁是海百合

　　有一种生活在幽暗深海里、形态如同百合花一样美丽的动物，它们的名字叫海百合。别看它们柔柔弱弱的，却是经历了史前浩劫，生存了4亿多年的古老生物。

　　海百合柔软的身体，由无数细小的骨板连接包裹起来，既灵活自如，又能保持亭亭玉立的姿态。它们真的就像一朵朵百合花一样在水中绽放，当然了，绽放并不是为了炫耀美丽，而是为了生存。它们的"花茎"长约半米，五菱形状，在茎上还分出许多个节，节上有卷枝。它们的头顶上有朵淡红色的"花"，其实那根本不是花而是捕虫的网子。

都夸俺漂亮呢！

☞ 既然是动物就要吃东西，海百合也不例外，它们的嘴长在花心的底部。嘴巴周围有很多条"腕"，每条从基部分成两大枝杈，每个枝杈再分出两个小的枝杈，这样一来看上去就像长了很多只手一样。腕上还长出了羽毛般的细枝，这些细枝和腕就像编织了一张大网一样，可以网住往来的虫子，不让它们逃走。可这样并不能保证海百合可以吃到东西，在它们那些腕的内侧长了一条沟，叫"步带沟"。这些沟内长着两列柔软灵活、像人的手指一样的"触指"，迎着海水流动的方向散开，如同一朵盛开的鲜花。随着水流闯入的小动物还没反应过来，就会被海百合抓住，然后这些倒霉的小动物便由小沟被送进大沟，再由大沟被送入海百合嘴里。当海百合吃饱喝足以后，腕枝便会轻轻收拢下垂，宛如一朵快要凋谢的花——那是它们正在睡觉呢！

☞ 在古代，海百合的"根"紧紧抓在海底的石头上，它们是不能行走的，因此这些不能自由行动的"花"就成了各种鱼类的食物，它们经常被鱼类咬断茎秆，或者干脆整个"花朵"都被吃掉。在大自然中，弱肉强食是自然规律。那些茎秆被咬断的海百合并不会死去，只要有"花冠"就能进食，进而可以存活下来。没有了茎秆的海百合反而更加自由，经过一代又一代的进化，它们彻底适应了这种漂流的生活，荡荡悠悠、四处漂泊。科学家们给这些漂流的海百合取了个好听的名字叫"羽星"。为了保护自己，羽星的体内逐渐产生了一些毒素，可这些毒素还是不足以抵挡鱼类的攻击，那些不怕毒素的鱼对它们可不留情面，每次遇到这些叫羽星的海百合都会大吃一顿。为了生存，它们只好白天钻进石缝里躲起来，晚上才成群结队地爬出洞来活动，继续用老办法捉东西吃，用腕枝迎着水流"守株待兔"，等待食物送上门来。

那些能自由行动的海百合，也就是羽星，还能随着环境改变自身

的颜色。有了变色和用毒这些本领以后，羽星的种类和数量就越来越多，现在有480多种。它们喜欢以珊瑚礁为家，因为那里的海水暖和，有各种小动物和浮游生物，食物充足。而那些有柄的海百合因适应不了现在的环境，没办法保护自己，数量也就越来越少了，现在只剩下了70多种，也许终有一天它们会从海洋世界里彻底消失。

不过，对于这样的消失我们不需要担心，因为这是正常的自然选择的结果。就像恐龙一样，它们适应不了环境的变化，自然就会产生出新的物种来代替它们。大自然的优胜劣汰，不该由我们人类去干涉。

☞海百合有很强的再生能力，这与海星和海参很像。海星只要身体连着一条腕，就能长出新的腕臂；海参则能在几周时间里长出一

套新内脏。海百合兼具海星、海参的能耐。我们常常看到水族箱中有的海百合腕枝残缺得很厉害，甚至有的只剩下腕的基部和萼部，别担心，只要环境恢复稳定，海百合失去的腕枝就都能再长出来，萼部的内脏也能在短时间内再生出来。海百合的再生过程中，内神经系统起着主要的控制作用，体腔细胞将损伤组织移走并带来营养物质，因而很快就可以再生。海百合的再生能力令科学家着迷，希望能够通过对它们的研究，让我们人类以后也能有如此的本领！

🌊 海洋馆里的海百合 🌊

　　珍贵的海百合化石是博物馆里的镇馆之宝，而活的海百合就要到海洋馆里去观赏了。一般在大的海洋馆里的珊瑚展区，都能够找到海百合的踪影。不过，羽星很少，大多是固定在岩礁上有固定柄的海百合。这些海百合有黄色、绿色，颜色鲜艳亮丽，一丛丛像松散的长羽毛在水里漂动，很容易就能辨认出来。

要想在海洋馆里饲养海百合这样的海底生物可不容易。

小朋友，你们知道吗？内陆海洋馆中的海水可是人工调配的。原来，自来水进入海洋馆后，需经过一系列物理及化学的处理，再加入海盐，配制成仿真海水，经过几天的循环过滤后再送往鱼池。不过这时的水还不能使用，需要再经过一系列的物理过滤、化学过滤及生物过滤，消毒杀菌，还要再加入一些有益的细菌，各项水质指标达到要求后才能用于饲养海百合。

为了更加接近自然的环境，海洋馆维生系统的设备都是一年365天，每天24小时不停地运转，因此馆内维生系统所有的设备都必须高标准、长寿命。这些设备不要说停转一天、半天，哪怕半个小时，都会严重危害饲养生物的健康。

海底的生物特别娇嫩，像海百合这样的史前动物，对环境的要求就更苛刻了。大连圣亚的"珊瑚世界"为这些海洋生物们精心打造了一个最接近自然的家——海洋有潮汐涨退，维生系统就安装先进的造浪装置；大自然有白天黑夜，"珊瑚世界"里就设计全套的仿日光照明系统。需要特别注意的是，海百合生活的区域不能有海星、小丑鱼等天敌存在，否则，海百合可就惨了。

在工作人员的精心照顾下，海百合还有其他的海洋生物，都愉快、悠然地生活在这里，向参观者展示着它们的风采。

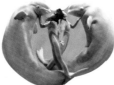

寻找珍贵的血液

——你是哪种性格的小朋友？

你的好朋友得了一种怪病，必须用海洋里一种珍贵动物——鲨的蓝色血液来治疗，请你去帮他寻找鲨的血液吧。

1

你打算通过怎样的途径取得鲨血呢？

A 想办法去抓鲨——转 2 题

B 找鲨谈谈——转 3 题

2

你打算用怎样的方式采集鲨血呢？

A 都从一只鲨身上采集（当然啦，这么做会害死这只可怜的动物）——转 6 题

B 从很多只鲨身上采集，一点点儿凑（虽不会害死任何一只鲨，但很麻烦）——转 4 题

3

你打算怎样对鲨开口要血呢？

A 把事情原委告诉它，苦苦哀求——转 4 题

B 用它所需要的东西跟它换——转 5 题

4

你是否同意牺牲鲨的生命来换取朋友的健康？

A 虽然很可怜鲨，但救人更重要——转 6 题

B 不同意，一定有其他办法救朋友——结论：你是善良祖先的后代

你愿意把哪样东西给鲨，来交换救命的鲨血？

 A 这学期取得好成绩的机会——转 4 题

B 一年全部零用钱——结论：你是精明祖先的后代

如果有一种东西可以代替鲨血救人，并且不会伤害任何生物，不过需要花很多金钱和时间，你会怎么做？

 A 放过可怜的鲨——结论：你是正直祖先的后代

 B 没时间去找，所以还是放鲨的血吧——结论：你是果断祖先的后代

在寻找鲨血的过程中，已经能够看出你是哪种性格的小朋友，快来看看结果吧。

壹 {
你是个善良的小朋友。
你是个容易心软的孩子，经常在为别人着想，很容易被说服。你的弱点是，有时候做事顾此失彼，白白让机会从手边溜走。
}

贰 {
你是个精明的小朋友。
你有一颗好心，而且很会计算得失，对金钱的态度敏锐而又大方，懂得取舍。你的弱点是，可能会大手大脚或孤注一掷，运气不好就会丢掉所有的东西。
}

叁 {
你是个正直的小朋友。
你做事遵循优先原则，把最应该完成的排在前面，有时候有点儿不够心软，但并不代表你怀有恶意。你的弱点是，太一板一眼，不一定被别人喜欢。
}

肆 {
你是个果断的小朋友。
你懂得什么是最重要的，面对大局时会非常果断地做出取舍，这点很多大人都比不上你。你的弱点是，较少表露自己的同情心，以至于被人忽略掉了内心柔软的一面。
}

清净居士文昌鱼

文昌鱼的故事

活化石大赛

一天，动物界想举办一届"谁是真正的活化石"大赛。这个消息一传出去，天上飞的、水里游的、地上爬的，各种动物都聚集到了一起。大家决定请植物界中最德高望重、本身就是活化石的银杏树、水杉和珙桐作为大赛的评委。虽然植物里还有很多也够得上"活化石"的资格，但是他们都很谦让，一致同意由这三种植物作为大赛的评委。

不过，大赛还没开始就有很多动物不满意了，首先提出疑问的是鸟类。鸟类的代表是金雕，虽然看上去威风八面，但是表达能力实在是不怎么样，说了半天，大赛的组委会也没弄懂他想说什么，还是灰喜鹊和雨燕能说会道，三言两语就说明白了。大体的意思是说，鸟类现在是天空中的骄子，可却没有资格参加活化石大赛，这对鸟类不公平。鸟类的发言博得了很多能在空中飞行的动物的支持，其中蝙蝠和鼯鼠的叫喊声最高。最后大家没有办法，只好决定在大赛正式举办之前先召开一个资格评审会，凡是觉得自己有资格进入最终的活化石评选的动物都要陈述理由。

鸟类获得了最先陈述的机会，只见一只燕子飞了出来说："现在挖掘出的化石证明，很多恐龙都长有和我们一样的羽毛，并且骨骼也

和现代的鸟类非常相似。所以说我们是恐龙时代的孑遗，是有资格进入活化石评选的。"鸟类的代表陆续发言，但大概的意思也都是说他们就是现代的恐龙，自然就是活化石了。

鸟类代表发言结束后，动物们经过了很长时间的讨论，最后结论还是不把鸟类列入活化石大赛的入围名单，因为毕竟从恐龙到鸟类已经有了很大变化，要是真有只活恐龙必然入选。

就这样动物们讨论了很久，终于确定下来有资格参加活化石大赛的名单。作为灵长类代表之一的黑猩猩还提议让人类进入评委会，由于灵长类中注定不会产生活化石，大家也就同意了这个提案。

最后经过评审会的评选，确定了"谁是真正的活化石"大赛入围选手名单：哺乳类动物的活化石代表自然落在了大熊猫的身上；两栖类动物的代表是大鲵，也叫娃娃鱼；鱼类的代表是淡水里的中华鲟和海水中的矛尾鱼；头足类动物的代表是鹦鹉螺；爬行类动物的代表是中国的扬子鳄；腕足类动物的代表是海豆芽；棘皮类动物的代表是海百合；昆虫类也选出了代表，就是大家都非常熟悉的蟑螂，又叫蜚蠊；甲壳类动物推选的是鲎。

看到这份名单，有的动物仍然不满意，问一直在旁边静静观看评选的文昌鱼："文昌鱼，你怎么不去参加评选啊？"

"这样的评选没有什么意义。"这是文昌鱼在说话。

"为什么没有意义？"

"看吧，这样的大赛最后也不会有一个结果的。"文昌鱼平静地说。

"你真奇怪，我觉得大家都把自己的资历拿出来比一比也挺好的。"

"没有用的，他们最终连一个评选标准都拟订不出来。"

"我不信，难道最后连个结果都没有吗？"

"会有的，而且必须有一个结果。"文昌鱼坚定地说。

这边文昌鱼和朋友的窃窃私语并没有引起其他动物的注意，因为台上和台下的动物们已经争得脸红脖子粗了。争论的焦点恰好被文昌鱼说中了，就是究竟应该按照什么标准来评选活化石大赛的冠亚季军。毕竟大家都是公认的活化石，可如果说谁比谁强的话，还真有些麻烦。我们看看他们的讨论就知道了。

首先是大熊猫代表发言："我们大熊猫是公认的活化石，是特有的物种，而且还是中国的国宝，就连人类世界自然基金会的标志也是我们。我建议以人类对物种的重视程度来作为评选标准。"大熊猫代表发言过后台下一片吵闹，大会主持人大象先生甩着鼻子大喊着："肃静！肃静！请听下一位代表的发言！"

第二位发言的代表是鹦鹉螺，他说："首先我支持大熊猫代表的发言，人类的重视程度可以作为本次活化石大赛的评选标准之一。请注意，我说的是之一，并不是唯一标准。大家都知道，人类很早就把我们鹦鹉螺的壳作为工艺品收藏了，可这并不能突出活化石的意义。我认为应该把生存时间也列入活化石的评选标准。"鹦鹉螺说完就回到了自己的座位上，他的发言立即引来了一番争论，赞同的一方是海百合一类和鹦鹉螺同样生活在4亿年以前的古老生物，反对的一方则是大熊猫等虽然被称为活化石但时间却没有超过1亿年的代表们。会场再次混乱起来，大象主持人不得不再一次出来维持秩序。

轮到蟑螂代表发言了，他说："尊敬的各位评委，我首先想明确一件事。如果刚才大熊猫代表和鹦鹉螺代表关于人类重视的提议通过的话，我想补充一条，人类对于我们蜚蠊类生物也很重视，只是他们总是处心积虑地想要消灭我们。我恳请大赛评委会也能将我们的生存现状视为人类的一种重视。还有一条，我认为大家都是活化石，都是经历了起码几十万年、甚至几百万年的风霜，有些朋友（看了看鹦鹉螺）甚至上亿年都活过来了并且还没有改变模样。我们之所以能活过来无非有两个原因，第一就是生活环境始终没有改变，第二就是生命力顽强。因此，我建议将自身生命力强大作为一条评选标准。谢谢大家！"

蟑螂代表的发言并没有引起多大的轰动，倒是作为评委的人类却始终皱着眉头，似乎还屏住了呼吸。这个小动作引起了讨论者一些小

海洋活化石

小的不满。

下面轮到矛尾鱼代表发言了，作为第一位发言的鱼类代表他显得略有些紧张。他说："各位朋友们，作为活化石，我想大自然让我们生存到现在必然有其道理。这些道理如果研究出来的话，必然会对更多朋友的生存发展有所帮助。尽管有些物种（看了一眼大熊猫）已经达到了进化的衰退期，但是我们还是有义务让这个物种尽量长时间地保留在地球上。"矛尾鱼的发言引来了一片掌声，他继续说道："因此我认为应该将'对研究进化史有重要作用'也作为评选标准之一。"

"你这也算是人类的重视程度啊，和他们说的有区别吗？"台下的一只驯鹿喊道。

矛尾鱼耐心地回答："当然不一样。人类的关注，如大熊猫，是人类社会需要；如蟑螂，是人类所厌恶的。而我的提议是请人类放弃对种族的喜好和厌恶，从整体的进化角度出发，运用他们的智慧来加以评判。哪种活化石对这些研究做出的贡献大，谁就是冠军。"

"加上这一条，你还不是想突出你们矛尾鱼的地位吗？"台下不知道谁喊了出来。

这突如其来的责难让矛尾鱼代表有些不好意思，还是大象主持人出来给矛尾鱼解了围："台上的代表有权发表个人意见，至于是否采纳全听大赛评委会的。"

"我有个想法，"鲎代表不紧不慢地说，"作为活化石我们种族存在的时间也不短了，虽然未必有鹦鹉螺他们时间长，但最起码也能排在前几位了。至于对人类的帮助嘛，大家也知道，人类可以用我们的血液制成一种很有用的药。但这也没什么，我想说，我们不妨把这些都列入评选标准，然后按照各个标准分别进行投票打分，得分最多的就是冠军，大家说怎么样？"

鲎的话音刚落就获得了热烈的掌声。大象主持人拿着话筒说："既然大家都同意鲎的说法，那么我们就稍微休息一下，请评委会的评委们列出每一项的评分标准，最后由全体动物们针对每一项标准进行投票打分，总分最多的就是冠军。下面还有谁有什么想说的吗？"

"主持人，我有话说。"

"你？"大象主持人惊奇地看着眼前的这个银白色的小不点儿。

"大家好，我是文昌鱼。"刚上台的银白色小不点儿说道。

"文昌鱼，你怎么不参加评选啊？你可是当之无愧的活化石呀！"台下有认识他的动物喊道。

"谢谢，我不想参加这个什么活化石的评选。我只想问问大家，我们选出这个冠军之后有什么意义？"

海洋活化石

台下一片寂静。

"既然没有人回答，那么我来说，"文昌鱼继续淡定地说，"其实是没有任何意义的。我们在这里就算最终选出来了，也不能对胜出者的生存现状有任何改变。我们现在的生存机会和权利几乎完全操纵在人类的手中。对，没错，就是人类，就是加入到评委会里来的人类。我不禁疑惑了，我们这些活化石都生存了这么长时间，人类的出现才区区几百万年，甚至可以说人类拥有能够影响大自然的力量也不过是最近几百年的事，最开始他们无非也是别人的食物罢了。拥有这样短暂的历史，他们有什么资格来评价我们这些历史的孑遗呢？

"并且我深深感到某种不平衡，大熊猫因为人类活动的增加和自身种群的退化，受到了人类的珍惜、呵护。而反观鹦鹉螺、我们文昌鱼和鲎却仍然因为壳可以成为工艺品、好吃或者血液能制药而继续惨遭人类的捕杀。与我有同感的大概还有中华鲟，他们虽然被称为'水中大熊猫'，可却仍旧面临着灭绝的危险。我们都是活化石，我们的将来却因为和人类的关系变成了可以预见的灾难。

"我今天站在台上，不是想诉苦。我们文昌鱼还是坚持着自己的生活习惯，我们和大部分活化石一样很难接受生活环境的快速改变。如果大自然是想通过人类的手将我们这些老家伙淘汰掉，我无话可说。但是我还是想提醒作为现在地球上最智慧的生物——人类，请你们控制自己的欲望，保护我们生活的地球。"

在一片掌声中，文昌鱼走下台，消失在了大海中。其他动物也逐渐散去，唯独留下了人类的代表，在思索着……

文昌鱼与人类

文昌鱼的脊索

文昌鱼虽然是不怎么起眼的微小动物，可是在科学家的眼里它们却是非常珍贵的。最初，科学家们认为它们是无脊椎动物到脊椎动物进化过程的中间物种。在很久很久以前，大概是 5 亿年前的样子，海洋里生活着很多的菊石、海百合、奇虾、鹦鹉螺一类的生物，它们要么是有硬壳保护自己，要么是身体柔软、行动灵活可以躲避敌人，它们的身体里不像我们哺乳动物或者鱼类有一根从头到尾的脊椎骨。正是因为有了这根脊椎骨，生物才能更好地控制身体，逐渐发展神经系统，这也为进化成智能生物产生大脑提供了很好的支持。可以说脊椎骨的出现在生物进化史上有着举足轻重的地位。我们不禁要问一个问题，脊椎骨究竟是如何长出来的呢？

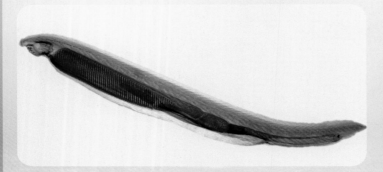

为了研究脊椎骨是如何衍变出来的，科学家们找到了文昌鱼。这种生物的脊椎骨还不能称为脊椎骨，只能

称为脊索。这些脊索动物的祖先就有一部分变成了现在的脊椎动物。原来人们以为文昌鱼就是无脊椎动物向脊椎动物演变的活证据，因为文昌鱼没有明确的头和脑，它们既不像鱼，又不像虫。

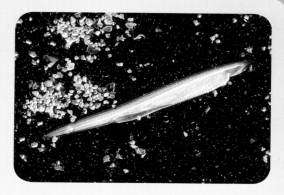

尽管在捕食等活动中像无脊椎动物，可它们的确拥有了最原始的脊椎，并且身体内的血液循环系统、呼吸系统、神经系统都有了脊椎动物的雏形。于是在很长的一段时间里，科学家们都将文昌鱼作为一种进化的中间物种来加以研究，可是研究者却一直没有找到其他的化石证据来证明文昌鱼的祖先是什么样子的，也没有找到文昌鱼的祖先向脊椎动物进化的时间证据，甚至人们都没能找到为什么文昌鱼没有进化成脊椎动物而保持了原来形态的原因。这一切都成了谜。直到有一天，在我国云南澄江地区的大发现才终于破解了这个科学谜团。

寒武纪生命大爆发

为了找到化石的证据，科学家们来到了我国云南澄江地区。这一地区出土了很丰富的化石，这些化石都是各种各样奇怪的虫子，几乎全都是无脊椎动物。它们生活的时代被科学家们称为"寒武纪生命大爆发时代"。在这个生命大爆发的时代里，单细胞生物变成了多细胞生物，可伟大的大自然并没有规定它们朝哪些方向发展，于是生命开始了争奇斗艳。那时候各种生命形态层出不穷，大自然将它的想象力发挥到了极致。终于，中外的科学家们发现了海口鱼，科学研究发现这种鱼类尽管很原始，却已经有了明显的脊椎，远比文昌鱼的脊索要更先进。这样一来，脊椎动物的出现时间便提前到了5亿年前，这似乎明确地告诉人们：早在寒武纪，脊椎动物就已经开始分化出来了，而不是人们认为的脊椎动物是后来的无脊椎动物在某时期演化而成的。

这样的结果可以帮助人们继续探寻脊椎动物发展的历史，毕竟海口鱼是很原始的鱼类，研究它们将更加有助于人们发现更多脊椎动物进化的真相。可是化石毕竟不能将所有的信息传递给人类，更多的知识只能靠我们自己去学习与找寻。这样一来文昌鱼的身世就更加扑朔迷离了，它们的地位究竟应该怎样评定？它们的过去又是什么样的呢？这些谜底就等着小朋友在未来为我们揭开吧。

文昌鱼的消亡

我国福建厦门翔安区刘五店盛产文昌鱼。文昌鱼是珍稀名贵的海洋野生动物，已经被列为我国二类重点保护野生动物，也有"水中大熊猫"之称。关于文昌鱼的名字由来有这样的传说：古代，文昌帝君骑着鳄鱼过海的时候，从鳄鱼嘴里掉下许多小虫，这些小虫掉到海里就变成了小鱼。后来人们开始以捕捞这种鱼为生，为了纪念文昌帝君赐给人们这样好的礼物，人们就将这种鱼命名为"文昌鱼"。尽管这只是一个传说，但是也展现了我国劳动人民美好的愿望以及对自然力量的崇拜。

可现在这些都已经成为了过去，我们人类用自己的行动打破了先人们的祈福和祝愿。我们修筑了河口的船闸，截住了河蟹的产卵道路，长江上越来越多的污染和航运活动让白鳍豚彻底消失，现在文昌鱼也将要步上白鳍豚的后尘了。

在东南亚一带，无节制的商业捕捞加速了文昌鱼资源的枯竭。我国福建厦门高集海堤的修建就直接导致了曾经年产 60 吨文昌鱼的刘五店渔场的消失。曾几何时，我国的文昌鱼享誉全世界，现在如果再不加以保护，这一切必将成为往事。

谁是文昌鱼

　　文昌鱼并不是鱼。它们没有真正的鳍，它们的鳍是鳞片。没有骨头的文昌鱼无法留存化石，因此科学家无法确定它们究竟产生于哪个年代。但从它们的身体结构来看，文昌鱼毫无疑问是史前动物，在5亿年前就出现了。虽然个体的文昌鱼寿命并不长，只有两年零八个月，但作为种群，这么微小的动物却经受了5亿年的环境变迁，坚强地存活到了现在，真是一个奇迹。

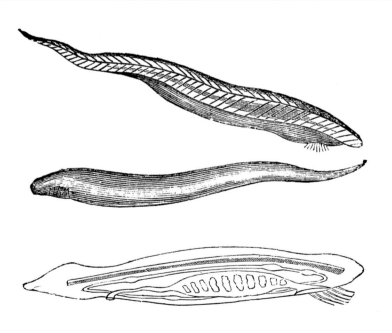

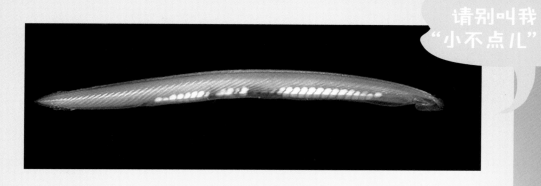

请别叫我
"小不点儿"！

☞文昌鱼虽不是鱼，但外形像小鱼，眼睛是两个感光的点，身上没有明显的鳍、鳃等。文昌鱼的个头儿不大，美国海岸的文昌鱼最大能长到100毫米左右，而我国海域附近的文昌鱼平均体长也就在50毫米左右。

☞文昌鱼广泛分布在热带和亚热带的海边。它们对栖息地的要求很高，必须是水质、沙质较好的海域。因此文昌鱼可以作为一种环保指示物种，有它们在的海域，水质和沙质一定都不错。

☞文昌鱼非常不喜欢在白天活动，大部分时间它们都是将身体埋在海底的沙土中，仅仅把前端露在外面，用特殊的口器过滤随着水流漂来的浮游生物。到了晚上，文昌鱼才活跃起来，离开沙窝，如同离了弦的羽箭弹射到水面活动，可一旦遇到惊扰，它们就会立即游回沙窝内藏起来。

海洋馆里的文昌鱼

　　非常遗憾，无论是在海洋馆里寻找真实的文昌鱼，还是在博物馆里寻找文昌鱼的标本，恐怕都会让小朋友们失望了，因为这些地方能有文昌鱼的可能性太小了。

　　要喂养活的文昌鱼很不容易。文昌鱼对水质要求很高，必须经常换入新鲜海水；因为其肉质鲜美，文昌鱼的天敌较多，虾、海星、其他鱼类都是它们的天敌。厦门海洋研究所的养殖池中有许多文昌鱼，有一次工作人员换水时不小心混进了两只虾，结果虾钻进沙中将文昌鱼几乎全都吃光了。而且，文昌鱼的唯一食物硅藻不仅生长周期

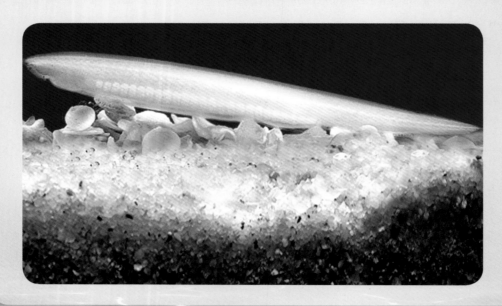

长，人工养殖的成本也较高。

1923 年，文昌鱼在世界各地还十分罕见。一所大学的实验室里如果有一两条文昌鱼标本便会引以为荣，美国学者莱德在厦门刘五店调查时却发现，当地渔民竟把文昌鱼当作小菜佐餐！

莱德对厦门大学附近海滨的文昌鱼资源进行了调查，描述了当地渔民捕捞文昌鱼使用的工具和生产活动等情况，估计了该地区文昌鱼的年产量，并认为这是全世界唯一的文昌鱼渔场。莱德的这份报告使世人了解到厦门海域有全世界最为丰富的文昌鱼资源。厦门当地渔民捕捞文昌鱼的方法非常奇特，一不用钩，二不用网，而是"沙里淘鱼"。文昌鱼唯一的防卫能力就是钻入沙里，每当海面有状况发生，它们就会迅速钻入沙中躲藏起来。于是，渔民们就利用文昌鱼的这种习性，使用一种特别的铁锄头，连沙带鱼捞起倒在木板上，然后再舀起海水往木板上冲，沙里的文昌鱼受到惊吓就会钻到木板底层船舱里搁置的木桶中，上面的泥沙则顺水流入海洋。

2004 年，厦门海洋生物科研人员首次取得人工繁殖文昌鱼的成功。2005 年，厦门市水产研究所的《文昌鱼人工育苗技术》课题研究又获重大突破，人工培育出约 80 万条体长 4.5 毫米至 7 毫米的文昌鱼鱼苗。同年 11 月，厦门市海洋与渔业局在厦门黄厝沙滩举行我国海域首次文昌鱼增殖放流活动，放流了 17.05 万条鱼苗。虽然文昌鱼已经成功进行了人工批量繁殖，但是还没有进行大规模的养殖，对文昌鱼的保护我们依然还有很多工作要去完成。

海洋之旅结束了

我想……
做个小手工留作纪念

海洋科普馆

精彩纷呈

探秘海洋·了解海洋

© 凌晨漫游工作室　　2013

图书在版编目（CIP）数据

海洋活化石 / 凌晨漫游工作室编著. —大连：大连出版社，
2013.9（2019.3重印）
（海洋科普馆）
ISBN 978-7-5505-0557-5

Ⅰ.①海… Ⅱ.①凌… Ⅲ.①海洋生物—动物—少儿读物
Ⅳ.①Q95-49

中国版本图书馆CIP数据核字(2013)第187306号

出 版 人：刘明辉
策划编辑：王德杰
责任编辑：李玉芝
封面设计：林　洋
责任校对：尚　杰
责任印制：孙德彦

出版发行者：大连出版社
　　　地址：大连市高新园区亿阳路6号三丰大厦A座18层
　　　邮编：116023
　　　电话：0411-83627375
　　　传真：0411-83610391
　　　网址：http:// www.dlmpm.com
　　　邮箱：wdj@dlmpm.com
印 刷 者：保定市铭泰达印刷有限公司
经 销 者：各地新华书店

幅面尺寸：185 mm×225 mm
印　　张：7.75
字　　数：82千字
出版时间：2013年9月第1版
印刷时间：2019年3月第3次印刷
书　　号：ISBN 978-7-5505-0557-5
定　　价：35.00元